六維時間管理模型

房勇——著

事情原來可以
雙向並行！

工作堆積如山、付出與回報不成正比……
學會分清「輕重緩急」，諸事一下就能搞定！

談到活用時間、高效辦事，你以為又是一本很無聊的管理學書？
先收起你的偏見，來看一場充滿趣味的大型綜藝表演！

- 重要又急迫／壓力爆表的速度戰士
- 重要但不急迫／從容優雅的藝術家
- 不重要但急迫／手足無措的滑稽演員
- 不重要也不急迫／安逸過頭的躺平族

切開時間管理的大餐，各道菜色就像
臺上盡情演繹的不同戲碼；
讓我們重溫這場精采的演出，細細品味每個主角的風采！

目錄

前言

古人云，「四十不惑」。身為一名行走職場16年的職業經理人，今年我剛好到了不惑之年。當我整理在過去40年中各個階段的照片時，不由心生感慨。其間既有快樂充實的歲月，也不乏苦澀寂寥的年華，而這些時光的片段，雖然歷歷在目，卻又終將離我越來越遠。

下一個40年，會很快過去嗎？或許是，儘管你我都萬分不願意。

在過去的16年職場生涯中，我對於職業規劃這個課題略有研究，並付諸實踐、受益匪淺。「時間管理」是職業規劃策略中個人修練的重要工具，它對於職業人全面提升能力、平衡生活、提高效率有著至關重要的作用，甚至對人的一生，都可以造成極大的影響！

我一直對「時間管理」有著濃厚的興趣，伴隨著個人職業發展，以及持續不斷地深入理解和實踐，我愈加發現「時間管理」的神奇。時間是世界上唯一公平的資源，而且是巨大的、無形的寶礦，至於能否利用時間資源挖掘到價值，則因人而異、程度不同。

前言

「時間管理」從字面上理解常常被誤導：時間能被管理嗎？讓它慢一點、快一點，或多一些、少一些？時間沒有暫停鍵，每一分、每一秒都被我們的行為、事務所填充，而人們不同的行為、事務，會帶來不同的結果和人生。所謂「時間管理」其實是對事務的管理，即自我行為的管理，在「時間管理」的理念指導下，透過有效地處理自己生活周遭的各類事務，來獲取效率及效果，進而達到個人生活及工作狀態的改變和提升。當你透過有效打理事務而獲得你想要的物質或地位時，時間資源就轉換成了空間資源 —— 所以時間可以換空間。

時間管理應涉及人生的六大領域，我把它們歸結為身、心、樂、家、業、財六個方面。我們只有打理好生活和工作的各個方面，才能稱得上擁有一個完整的人生、平衡的人生。

我們大部分日常的煩惱來源於自身對事務打理得缺乏策略，常常被事情推著走，而不是主動推動事情的發展。「時間管理」教人如何把事情更有效地操控在自己手裡，進而達到符合自身情況的合理目標和目的，減少生活、工作中的煩亂、無序和無效，擁有積極、運籌和從容。

真心希望看過此書的讀者，能夠理解時間的無形力量，使用優先矩陣區分事物的輕重緩急，利用計畫表格將時間合理地分配到六大領域中去，積極行動起來，從打理事務獲得收益的過程中開心地度過每一段時光，讓從容和愉悅伴隨我們走過或荏苒或漫漫的未來人生路。

在本書策劃、撰寫、出版、徵求書評的過程中，一些有緣人士給予了大力支持和幫助，他們是吳洪先生、闞保平會長、王璞先生、劉子熙老師、陳勇先生、蘇國京老師、李鐵梅女士等，在此一併表示真誠的感謝！

房勇

上篇
生有時，事無間

人的一生是有時間限制的，但事物的發展是沒有間隙的。

時間，是一個人一生當中最基礎的財富與資本，它對世界上所有的人都是公平的，無論是富甲豪門、還是潦倒乞丐；無論是國家元首、還是平民草根，每一天，時間都賦予每個人相同的資源。大部分人的一生區區 30,000 天左右。一天有 24 個小時，有 1,440 分鐘，有 86,400 秒。從你降生的那一刻開始，時間就陪伴在你身邊，源源不斷地給予你資源，分分秒秒不曾離開，卻也分分秒秒為你的生命倒數計時。

第 01 章
理解時間並非易事

時間，誰在說

世界上最快而又最慢，最長而又最短，最平凡而又最珍貴，最易被忽視而又最令人後悔的就是時間。

—— 高爾基（Maxim Gorky）

很少有人深入思考這樣一個問題：「時間究竟是什麼？」時間是與生俱來的財富，還是換取知識、快樂的工具？又或許時間只是隨意攝取的資源？無論從物理學還是哲學的角度，時間都是一個抽象的概念。

對於整個宇宙而言，時間是用來描述空間物質運動過程的一個度量標準，沒有空間的變化和物質的運動，就沒有時間的概念。

對於人類而言，時間是衡量生命過程的度量尺，沒有人的生命活動和過程，時間也就沒有意義。那麼，時間是什麼？時間其實是正在悄悄逝去的生命！時間去哪兒了呢？你去了哪裡，時間就去了哪裡。

當人們每天無計畫地去應酬、去玩樂，手忙腳亂地去工作、去消費之時，是否有人意識到，你們或我們或他們，正在無休止地浪費著生命？那麼，當被動地花費完時間之後，你得到了什麼呢？一場毫無益處的應酬，一段並不開心的遊玩，還是一份沒有價值的工作，或是轉瞬即逝的購物快感？

每個人都有浪費時間的經歷，每個人也總有各式各樣的理由，可怕的不是你在浪費時間，而是時間在浪費你的生命。如果誰仍然認為時間是生命中可以任意揮霍的東西，而不是自己的朋友、生命的恩賜的話，那麼時間也無法賦予他豐厚的價值和美好的人生。

有人曾發表過這樣的觀點，現代人的時間價值觀存在一定問題，不少人把時間花費在無目的地瀏覽網頁、無意識地隨時遊戲、隨意長聊等無用的忙碌之中，而當他們浪費了一整天的時間後，就只剩下了無奈、懊惱甚至墮落的感覺。造成這種現象的原因其實並不是他們沒有對快樂生活的渴望感，而是因為不會正確打理自己的時間。

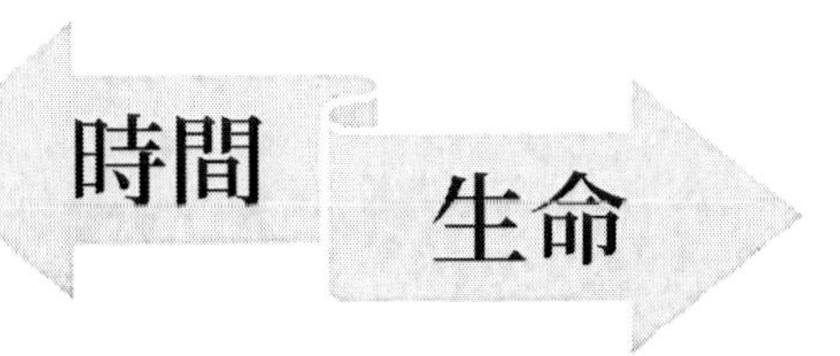

其實這一觀點道出了部分人生活混亂、浪費時間的主要原因。合理利用時間與享受生活並非是對立的兩個方面，我們完全可以在正常的生活中同時擁有兩者，造成過於浪費時間的原因只

有一個，那就是無休止地揮霍時間，而不足在優化利用時間。

在這裡我們首先需要明白這樣一個道理，高品質的生活與工作並非只能從無休止地玩樂或拚命工作中獲得，更不是放縱心態獲得的結果，高品質的人生完全可以在有規律、有節奏的生活中獲取。

揮霍時間等同於一種自我犯罪，這是一種背叛自我的行為，也許我們無法馬上學會高效率的時間管理方法，但是我們卻可以在短時間內扭轉一個觀點，時間雖然附之於我們的生命，但卻不允許我們浪費，因為時間是用來使用的、用來做事情的。

朱自清的著名散文〈匆匆〉中有這樣一段關於時間的描述：

我不知道他們給了我多少日子；但我的手確乎是漸漸空虛了。在默默裡算著，八千多日子已經從我手中溜去；像針尖上一滴水滴在大海裡，我的日子滴在時間的流裡，沒有聲音，也沒有影子。我不禁汗涔涔而淚潸潸了。

去的儘管去了，來的儘管來著；去來的中間，又怎樣地匆匆呢？早上我起來的時候，小屋裡射進兩三方斜斜的太陽。太陽他有腳啊，輕輕悄悄地挪移了；我也茫茫然跟著旋轉。於是——洗手的時候，日子從水盆裡過去；吃飯的時候，日子從飯碗裡過去；默默時，便從凝然的雙眼前過去。我覺察他去的匆匆了，伸出手遮挽時，他又從遮挽著的手邊過去，天黑時，我躺在床上，他便伶伶俐俐地從我身上跨過，從我腳邊飛去了。等我睜開眼和太陽再見，這算又溜走了一日。我掩著面嘆息。但是新來的日子的影兒又開始在嘆息裡閃過了。

這就是我們的人生，握不緊也抓不住，然而時間雖然流逝，但是它依然屬於我們，在我們剩下的人生中使用它、利用它。

郭沫若說：「時間就是生命，時間就是速度，時間就是氣力。」

朱熹說：「少年易學老難成，一寸光陰不可輕。」

席勒（Friedrich Schiller）說：「時間的步伐有三種：未來姍姍來遲，現在像箭一樣飛逝，過往永遠靜立不動」。

魯迅說：「時間就是生命，無故的空耗別人的時間，實在無異於謀財害命的。」

陶淵明說：「盛年不重來，一日難再晨。及時宜自勉，歲月不待人。」

每個人都對時間有著不同的看法和理解，而珍惜時間卻是共識！曾有權威調查機構做過這樣一項關於「夢想與實現」的調查，在這次調查中人們發現，有 90% 以上的人曾懷揣著美好的夢想，其中 70% 的人堅信自己可以達成理想，但是 10 年後，真正完成自己願望的人卻不過 1%。

我們暫不去討論形成這種現象的原因，先一起來看一看這些成功完成自己夢想的人都具有哪些共同點？答案很簡單，除了堅持不懈的努力，就是非常合理地分配時間。

相信每個人都擁有自己的夢想，而想要把夢想變作現實，首先要做到的就是停止揮霍時間，學著去為理想而努力。這種努力並不是整日埋頭苦幹，身心疲憊地工作，而是尋找一條最有效和優化的路線，合理分配自己的時間，令生活充實而快樂。

有沒有想過，其實只要把同一段時間進行簡單、合理的分配，就可以擁有更美好的青春呢？例如，與其既擔心焦慮又放縱地糾結一整天，不如認認真真地學習 3 小時，然後踏踏實實地利用其他時間做自己想做的事。兩者進行簡單的對比，我們就可以發現其實生活本可以不同。

很多人都有自己的偶像，無論偶像是歌星、影星、體育明星，還是成功的政治家、企業家，都可以發現這樣一個現象：這些被人們所崇拜的人往往都會擁有自己的專業經紀人、祕書或助理，而這些人的重要工作不是打理這些名人的財富，而是安排他們的日程，確保這些名人可以最有效地利用每一分鐘。因為對於他們來說，時間意味著財富和生命，多掌握一分鐘，就可以多一份收穫。

當然，我們也同樣擁有生活，雖然我們的生活無法像那些偶像們一樣璀璨，但是我們的生活同樣可以無限精采。從現在開始，停止浪費時光的舉動，學會珍惜、分配自己的時間，你的生活也可以發生巨大的改變。

理性時間與感性時間

時間的步伐有三種：未來姍姍來遲；現在像箭一樣飛逝；過往永遠靜立不動。

—— 席勒

時間是一個很奇怪的東西，有時候我們覺得它很多，有時候我們又嫌它太少，可是，時間就是時間，每天都是24小時。度日如年與日月如梭竟然能這樣巧妙地融為一體，實在是讓人感到驚奇。

記錄時間的工具

如果從理性的角度看，時間實在是再簡單不過了，它大概是人世間最為公平的一個要素了。無論是窮是富，是開心是悲傷，時間都在「滴答滴答」聲中不斷流逝，不會有任何區別，不帶有任何情感。正因為時間的理性，我們才能理性地安排自己的工作與生活，將自己的分析、判斷、實踐等能力進行有效運用。

實在不能想像，如果哪天時間變得「傲嬌」，今天給你2個小時，明天給你50個小時，人們的生活會變成什麼樣。雖然很多人抱怨快樂太少了、太快了，煎熬太久了，無趣太多了，但那就是時間，它就是這樣殘酷無情，不顧人的感受。

儘管如此，人們對於時間的認知仍然是感性居多。時間總是隨著人的心情，變幻出各種模樣。搭公車的上班族就經常抱怨：「這公車真是氣人，有急事的時候等上半天都不來一輛，沒事的時候一下過來好幾輛。」除了交通堵塞等原因之外，想來都是因為心情和事情的緣故，致使人感性地對公車客運「詆毀」了一番。

「眾口難調」用來形容人們對時間的感知實在是很貼切。當有人在家裡悠閒地看著書、聽著音樂時，有人正急匆匆地趕赴一個緊急會議；當有人靜靜地與情侶慢慢享用著燭光晚餐時，有人卻正在焦急地徘徊在手術室外。

或許很多人還記得年少時失戀的情形，會得到朋友這樣的勸慰，「等過段時間，過去了就好了。」那段時間是那麼難熬，讓很多人以為自己會熬不過來。但時過境遷，當他們想起那段日子時，卻不得不感慨，那實在是一段短暫卻讓人珍惜的時光。

理性時間與感性時間看似是兩個屬性，其實都是對時間的感受和態度。態度不同，時間也會呈現出不同的特徵。而無論是哪種特徵，對於我們的人生而言，都是值得回味的一段記憶，更是需要珍惜的一段光陰。

其實，人們早就自覺地對時間進行了分配。當讀書、工作時，我們會更加理性地看待時間，用多長時間做完作業、用多長時間完成工作，都有著詳盡的計畫，每個刻度都精確到了分鐘；而當放鬆自己時，我們極少說玩上多少分鐘，而會開心地說：「我今天要逛一個下午的百貨公司」、「我今晚要和朋友出去喝一杯」。

對於時間，必須有理性的認知，多少分鐘、多少小時，完成多少工作。但在真正使用時，感性時間成了主導，「快結束了」、「沒多久了」、「馬上」……要開發出時間的最大價值，理性與感性是缺一不可的。當明確的理性和敏銳的感性融合在一起，時間就會呈現出另一番姿態，豐富和多彩的人生也就隨之而來。

時間的嘆息

時間，天天得到的都是二十四小時，可是一天的時間給勤勉的人帶來聰明和氣力，給懶散的人只留下一片悔恨。

——魯迅

有時候，人們感覺時間是那麼漫長，人生還有那麼多年沒有度過，可是就是在這樣的想法中，匆匆走過了許多年。到年老時坐在籐椅上，可以向兒孫訴說自己值得驕傲的故事；躺在病床上，可以帶著笑容回憶此生的一切……這幾乎是每個人的期望。可是，多年以後，有些人卻還沒有什麼精采的故事可以訴說，似乎仍然過著流水帳般的生活。

很多人在青春年少時也曾有過純真的戀情，他們在梧桐樹下擁吻，在青草地上暢談，在無名山頂許下諾言……他們曾經以為那就是一生一世，那就是自己一生的幸福，但那些本以為會轟轟烈烈的愛情，最後卻黯淡收場。或許是因為事業各奔東西，或許是因為成長讓人相看兩厭，或許是家人的干擾，也或許因為另一個他（她）的出現……於是，他們開始懷疑愛情，認為完美的愛情似乎只存在於小說、電影之中。

有的人渾渾噩噩地度過了青春歲月，走進了社會。他們見到了炫彩斑斕的社會，覺得那燈紅酒綠的生活似乎才是享受人生。金錢成了自己唯一的追求，他們相信，有了金錢便就有了一切，至於愛情，只是小孩子的把戲而已。年少的他們，毅然選擇離開家鄉，闖蕩他鄉，為了多得的一點薪水不斷地更換工作，可是換來換去，仍然只能維持生活。有些人，嘲笑著老闆的無知，咒罵著公司的不公，抱怨著生活的艱難。於是，「就業沒前途，創業才有錢途」成了他們的信仰。湊足錢開了公司，當了老闆，最終卻因不能持續盈利而痛苦掙扎。他們不知道為什麼自己吃盡了苦頭，卻仍然沒能成為「人中龍鳳」。

於是，很多人終於變得「現實」，明明踏入社會沒多久，卻似乎看清了一切：社會的黑暗，靠的是潛規則、人脈關係、家庭背景，別人之所以能成功，是因為他們運氣好，生活在了「最好的年代」；有些人開始「看破紅塵」，將愛情與金錢都視作糞土，告訴自己「平平淡淡才是真」，能活下去就好。如此生活，未來在哪裡，時間怎麼過？

喬·吉拉德（Joe Girard）被譽為「全世界最偉大的業務員」，他在 49 歲退休的時候，已經保持了 12 年的汽車銷售紀錄，平均每天 6 輛汽車的銷售紀錄，讓他被記載入金氏世界紀錄大全！

可是，正是這樣一位推銷天才，在 35 歲之前卻一直被認為是「loser」！喬·吉拉德患有嚴重的口吃，在從事汽車銷售業之前，曾經換過 40 份工作。他曾經在沉重的債務下走投無路，他的父親甚至認為他是個「四處遊蕩的笨蛋」！但他並沒有自暴自棄、怨天尤人，而是努力用好自己的每一分鐘，去創造自己的人生意義。

就是這樣一位「笨蛋」，進入汽車銷售業後，僅用了3年就成為世界第一的汽車業務員！痛定思痛的喬·吉拉德，在35歲時開始學習大量的銷售知識，強迫自己與人大量溝通。就這樣，3年之後，喬·吉拉德就將自己推銷到了全世界，直到現在仍然被人們作為自我激勵的榜樣！我們不要只關心他獲得了什麼，而要問他花時間做了什麼。

過去的時間已經過去了，就不該再為之悲傷或悔恨。很多人在多年後會開始悔恨，為什麼當初自己不努力學習，待到用時方恨少？為什麼不能奮鬥打拚，明明機遇也曾出現在面前，卻沒能抓住？為什麼要在那樣稚嫩的年紀相信空中樓閣般的愛情，而在條件成熟時，卻又感嘆自己對愛情的疑慮？明明是那麼美好的青春時光，怎麼會這樣不知所謂地度過？終有一天，很多人會認清自己的年少無知，發現自己的幼稚天真。過去經歷過的、做過的所有，曾經以為的轟轟烈烈、不可一世，最終都化作一聲嘆息：時光匆匆，美好年華即將消耗殆盡，不敢正面未來，否定過去，卻又不能讓時光倒流，重新走過。

從容人生的金鑰匙

在今天和明天之間，有一段很長的時間；趁你還有精神的時候，學習迅速辦事。

——歌德

人們總是不容易知足，抱怨著各種的不公，卻對人生唯一的公平視而不見。既然每人都有 24 小時的一天，為什麼有人覺得度日如年，有人卻每一分鐘都活得充實呢？

對於很多人而言，時間是不夠用的。這並不是說他們有多珍惜時間，而是因為要做的事情實在太多。

有些人那麼忙碌地工作到底是為了什麼？買車？買房？金錢？成功？

他們總是盲目地拚命工作著，卻從來沒想過，自己真正要些什麼。有些人時常感嘆：「有什麼辦法呢？要結婚、要買車買房、要養兒育女，哪樣不要花錢，不辛苦賺錢能怎麼辦呢？」忙，本來該展現的是人生的積極意義，一個人忙，意味著生活充實，意味著他正在離自己的目標越來越近。而他們的忙卻截然相反，很多人能夠用最少的材料、最低的成本，製造出 CP 值最高的產品，但無法用最少的時間去實現自己的夢想和目標。無論怎樣，人生都該是「忙而不盲」，人應該是事情的推動者，而很多人卻常常被事情推著走，他們辛苦工作的結果往往只是為了實現生存，或者只是別人眼中的成功。

每個人都是有生存需求的，但如果陷於「年輕拚命賺錢，老了用錢換命」的魔咒，這樣的人生實在是可悲。每個人都想活得更加從容，用最少的時間解決問題，用最多的時間享受人生。那麼，就要學會掌控時間，掌控自我，時間是真正的不可再生資源，過去了就過去了，它無法再生，如果不能掌控好自己的每一分鐘，又怎麼能找到從容人生的金鑰匙呢？

所謂時間管理，就是讓我們有效地運用時間，打理自身的事情。如果不知道什麼事該做、什麼事不該做，不用合理的計畫運用自己的時間，就只會走上浪費時間、浪費人生的道路。你不理時間，時間它也就不理你。

有些人在時間管理上甚至有種「病態」的做法，那就是讓自己忙起來。「無論我在忙什麼，只要我在忙，我的時間就沒有浪費！」可是，他們卻完全沒有意識到，自己忙的事情究竟有多大的價值，與自己耗費的時間對等嗎？有些人替自己列出了一張長長的清單，決定要在一天之內完成。可是剛過了中午，卻發現所有事情都完成了。他們應該做的，是為自己的高效率感到自豪才對，而不是給自己列出另一張長長的清單——清單中可能將昨天才做過的大掃除又列入其中。像這樣的「只要忙起來就沒有辜負時間」的想法是錯誤的，有些事情的價值，是需要慢慢累積的。

有的人則成了時間管理上的「葛朗台」（Eugénie Grandet），他們對自己的每一分鐘都極其吝嗇。1 天 24 小時，他們希望可以活出 25 個小時來。「工作狂」是這類人的常見屬性，不可否認的是，他們的時間確實比大多數人更具效率，可周圍的人卻完全不敢與之共處，害怕成為他們時間浪費的「元凶」。

科技的發展讓人們的生活效率日益提高，而很多人對於時間的掌控能力卻著實有限。所謂掌控時間其實是對事情的掌控，主動推動事情的發展，甚至主動創造事情，使它發生或發展，而不是被事情壓著透不過氣來。

每個人都知道如何使用時間，但要說到「掌控」，那實在是一個不小的難題，太多的人其實是被時間所掌控著。到底什麼是掌控呢？舉起自己的雙手，慢慢地活動自己的手指，感受一下那種存在感和控制感，讓它伸開或握緊，或者你可以讓某一個手指做一個特定的動作 —— 這就是掌控的感覺。要做到從容，就要對重要的事情有充分的準備，重要而突發的事情，更要有快速的應對策略，所以平時多做一些對重要事情的準備工作很重要。而對於不重要的事情，即使沒有充分的準備也無大礙。這就要求我們對事情要有個輕重緩急、優先次序的區分。只要心中有數，不忙亂、有計畫、有目標地忙才叫做充實。相信很多人有這種經驗：被動做一點小事情都覺得累，而自覺自發地主動做大事情，根本不會覺得累。身忙心不忙，忙中有目標，忙中有收益，就是從容。

第 02 章 時間管理的「優先矩陣」

優先矩陣

時間沒有暫停鍵，每一分、每一秒，都被我們的行為、事情所填充，而人們不同的行為及事情，會帶來不同的結果和人生。我們的時間到底去哪兒了？所謂「時間管理」其實是對事情的管理，即自我行為的管理是在「時間管理」的理念指導下，透過有效地處理自己生活週遭的各類事務來獲取效率及效果，進而達到個人生活及工作狀態的改變和提升。

我們要管理好自己的時間，只需要關注事情的兩大屬性，即重要性和緊迫性。正是根據這兩大屬性，在新一代的時間管理理論中，優先矩陣成為時間管理的基本工具。

所謂緊迫性，也就是指所做的事情是否緊迫，是否需要立即處理，其中有多少可以拖延的時間；而重要性則是與我們每個人的目標息息相關的，根據每個人的目標不同，事情的重要性也有所不同，越有利於核心目標實現的事情，其重要性必然越大。根據這樣一張矩陣圖，如圖 2-1 所示。我們能夠更好地明白時間。

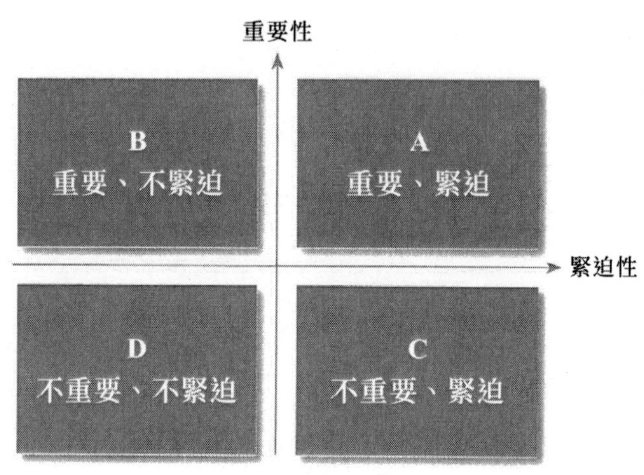

圖 2-1 優先矩陣

如果我們仔細回想一下自己的生活，就會輕易地將自己所做的所有事情，按照這樣一張矩陣圖進行分類，將事情放入四個象限中，從第一到第四象限，分別是 A、B、C、D 類事件，如圖 2-2 所示：

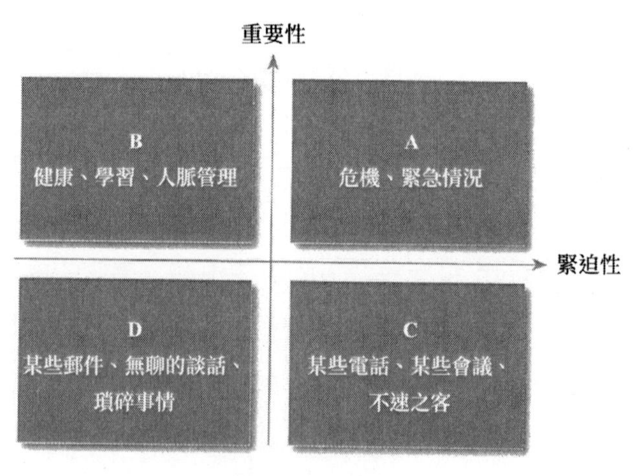

圖 2-2 事件分類

當有人下個月就要參加考試、下個星期就要舉辦婚禮、明天就要進行晉升面談時，這些事情就可以被輕鬆地歸入 A 類，一旦遇到 A 類事件，其他的事情就都暫緩，A 類事情是最緊迫的，也是最重要的。

即使是同樣重要的事情，譬如學習專業知識、維護社交關係、保護身體健康等，在實現目標的過程中，這些事情扮演著不可或缺的角色，可當它們遇到 A 類事件時，同樣會被暫時放在一邊，畢竟它們沒有那麼緊迫。這些就是 B 類事件。

可是有些事情也同樣十分緊迫，門口傳來急促的敲門聲、手機響起不斷地響鈴聲……我們幾乎都會在第一時間做出反應，並不是因為這些事有多重要，而是因為它們有立即處理的需要，令我們無法忽視，這也就是 C 類事件。

D 類事件通常被歸為浪費時間，比如無目的地閒聊、無意識地刷社群軟體、還有一些瑣碎的雜事，這些事情對於實現目標而言，沒有什麼意義，更不會有什麼緊迫性，所以，我們會安心地將這些事件排在最後，或者直接忽視，但如果有人能從 D 類事情中獲得愉悅的心情，那它們還是存在意義的。

一旦我們能夠清晰地將生活中所要做的事情，按照優先矩陣進行分類，我們的時間管理也將變得事半功倍。各種工作職位的人都有必要學習並應用時間管理。很多人認為「行政工作是一份人人都可以很容易做好的工作」，很多剛畢業的女生都會將行政工作作為自己初入社會的職業選擇。在她們看來，行政並不需要什麼專業技能，也沒什麼工作壓力，自己長相過得去，從事一份行政工作實在是簡單極了。可當她們真正投入到這份工作中去時，就會發現現實的骨感。行政人員不僅需要處理公司的各項雜務，有時還需要兼負一些人事工作，還可能臨時擔當任何一個部門或主管的幫手，也有可能客串總經理祕書的角色，就連活動策劃這樣有創意的工作都有可能落到自己的頭上。當面臨這樣一堆「亂七八糟」的事情時，怎樣從容處理就是一個很重要的問題了。

工作清單是時間管理中一個有效的執行措施。其實，在日常工作和生活中，大家經常會用到這種方法，但如何歸類、劃分優先等級，可能沒有一個明確的思路。比如，當某半天的工作中有以下這些工作時，你會如何決定孰先孰後呢？

- 到餐廳訂餐並檢查環境、設施；
- 打電話給甲公司的客戶約定晚餐安排；
- 編寫電子郵件發給乙公司的經理；
- 列印工作報告；
- 安排老闆的一場客戶見面；
- 打電話給同學丙；
- 報銷費用。

這麼多的事情，很容易就會感到無從下手，但如果運用時間管理的優先矩陣，就能在 10 分鐘之內安排好。按照緊迫性和重要性對這些事情進行劃分，就會發現，A 類事件有 5、3；B 類事件有 7、4；C 類事件有 1、2；而 6 則屬於 D 類事件。因此，我們可以依照 5、3、7、4、1、2、6 的順序處理這些事件，而不必陷入不知所措的境地。

這也正是時間管理的優先矩陣的魅力所在。透過時間管理的優先矩陣能夠有效地對生活、工作中的各項事務的優先順序進行劃分，從而有條不紊地推動工作和生活。

根據每個人對於 A、B、C、D 四類事情的重視程度和處理態度，對照時間管理的優先矩陣，可以將不同的人分為壓力人、從容人、無用人和懶惰人，從而了解其時間管理的習慣，並相應找到改善的方法，如圖 2-3 所示：

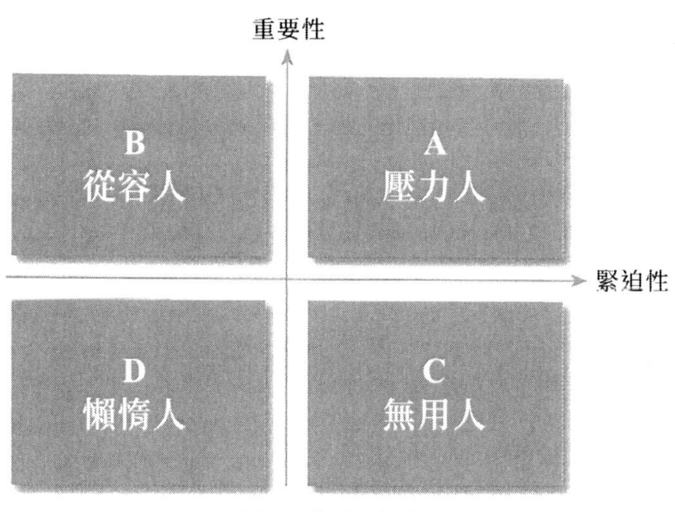

圖 2-3 你是哪類人

A 類事情：壓力人

在前面優先矩陣一節已經介紹，A 類事情是指緊迫性和重要性都很高的事情。當遇到這類事情時，應該將其作為最優先的事情，盡快進行處理。類似於消防員救火，刻不容緩，需要馬上處理，否則，輕則財產損失，重則人命不保。壓力人就像「倒楣小子」，不但紛來沓至的事情不順，而且很多事情又是很重要的，危機頻頻突發，一大堆麻煩來襲。有時候壓力人有可能力挽狂瀾，挽回局面；有時候準備不足、力不從心，只能眼睜睜地看著事情走向頹勢和糟糕的境地。

壓力人的時間總是顯得很緊張，他們總是有很多的事情要著手去做，想讓他們休息下來，實在是困難之極。每當壓力人遇到一件事時，他們都會迫不及待地去完成，也因此，壓力人的生活節奏很快，可在一天結束的時候，他們常常會發現，明明自己已經做了很多事，可是卻還有那麼多棘手的事情需要處理。這樣的生活狀態不僅讓壓力人活得疲憊，也會讓身邊的人感到無所適從，他們會害怕耽誤、浪費壓力人的寶貴時間。壓力人像一個渾身是血的戰士，「堅強」地應對著突襲的敵人。

曾經有一個朋友諮詢我關於時間管理的問題。他是一家公司的銷售經理，身為一名中層管理者，他不僅需要承擔高額的業績壓力，還有大量的管理工作需要完成。他總是感到無形的壓力，而在他的團隊中，有兩個小組長和一個副手幫助他管理十幾個業務員，並分擔業績壓力。可即使是這樣，他仍然陷入經常性的加班生活，而且越來越容易急躁、發火。

他其實是典型的壓力人。在每天的工作中，他都要確保每一件事都得到完成，他每天關心的事情當中大部分是 A、C、D 類事情，在這樣的情況下，他的工作難免沒有主次之分，顧此失彼，直到最後，仍然會有一堆工作堆積在辦公桌上。

早在 100 年前，美國第二大鋼鐵公司的伯利恆公司，其董事長查爾斯 · 希瓦柏（Charles Schwab）也面臨著工作效率和團隊管理效率提升的難題。直到遇到了艾維 · 李（Ivy Lee），查爾斯 · 希瓦柏問題才得到了解決。

艾維 · 李被譽為現代公共關係之父，對於提升效率，他有著自己的一套方法，人們也樂於將他稱為「效率專家」。當了解到查爾斯 · 希瓦柏的難題時，艾維 · 李直接來到了查爾斯 · 希瓦柏的辦公室，說：「我這有個祕訣，有了它，你們公司每個人的工作效率都會得到提升。不僅如此，管理層的團隊工作也會有所改進，你們公司的銷售業績肯定能有大幅度的增長。而要實現這個目的也很簡單，只需要讓我和你們公司的管理者都見上一面。」

查爾斯 · 希瓦柏雖然久聞艾維 · 李「效率專家」的大名，但也不敢相信艾維 · 李能有這樣的「魔力」。他將信將疑地問道：「這個祕訣要多少錢呢？」艾維 · 李的回答是：「免費。只要 3 個月後，你看到了它的效用，你就給我一張支票好了。至於支票上的數字嘛，你看著效果給就好。」對於這樣的買賣，查爾斯 · 希瓦柏自然沒有理由不答應。

第二天，艾維．李又來到了查爾斯．希瓦柏的公司，並占據了一間辦公室，讓公司的每個管理者輪流與自己見面。其實，他對公司的管理者並不熟悉，之所以選擇一對一地談話，只是為了管理者們能夠真正地接納並實施他提出的方案——「在接下來的 3 個月裡，每天工作結束時，管理者們都要列出一個清單。清單的內容是第二天需要完成的最重要的 6 件事，並按照重要程度，將其進行排序。不一定非要是 6 件事，但一定不能超過 6 件。」

公司的很多管理者在聽到這番要求後都感到驚奇。在他們想來，老闆安排了這樣一場「培訓」，自己一定會收到一套厚厚的培訓手冊，而且要坐在那兒聽上數個小時呢。誰知道這位「效率專家」連「效率培訓」都進行得這麼有效率！

面對管理者們的質疑，艾維．李只是簡單地說道：「就是這樣了。你們只需要在完成一件事之後，在清單上劃掉它，接著再做下一件事。如果有列出的事情當天沒有完成，那就把它列在第二天清單的首要位置。」

對於這樣簡單的方法，公司的管理者們都自覺地照做了。對於這樣思路清晰、執行簡單的事情，管理者們實在沒有理由違背老闆的意願。在他們看來，完成了這 6 件事之後，自己還有充足的時間去完成其他「重要」的工作。而結果是，在 3 個月之後，查爾斯．希瓦柏開給了艾維．李一張支票，上面的數字是 35,000 美元！而當時美國工人的人均年收入還停留在 200 ～ 400 美元！

這就是艾維 · 李的 6 件事清單法，也叫艾維 · 李法！至於到底清單上列出幾件事，沒有限定，三五件都是可以的 —— 10 件以上是絕對不可以的！在工作、生活中，我們會遇到各式各樣的人，也有各式各樣的事情需要處理。可是這些事在緊迫性和重要性上卻有所差別，如果我們將其「一視同仁」，就必然會成為一個壓力人，被各式各樣的人或事所驅動，最終失去對局勢、效率的掌控，而陷入時間管理的陷阱。

對於壓力人而言，一張按照重要性排列的清單是絕對必要的，因為對於他們而言幾乎每件事都是 A 類，都是需要立即處理的，只有列出了這樣一張清單，盡快處理掉最重要的危急事情，識別出有一些事情其實是 C 類事情，雖然緊迫但並不太重要，這樣壓力人才不至於迷失在不斷出現的各種事情中！

這裡需要給壓力人一個重要的提醒 —— 為什麼他會危機重重、「災情不斷」？是因為當初他的時間管理理念中，沒有把重要而不緊迫的 B 類事情做好，隨著時間的推移，由於它們沒有被打理和準備好，突然有一天，這些原來還在第二象限裡面的看似不著急的 B 類事情，紛紛轉移到了第一象限，變成了突發的危機。

比如，本來還不算迫切的健康管理，屬於 B 類事情，由於疏於關注和執行，突然有一天生了場大病，就變成了 A 類事情。

B 類事情：從容人

從優先矩陣一節我們知道，B 類事情是指一些重要但不緊迫的事情。有這樣一類人，他們深刻地意識到了 B 類事情的重要性，能夠將自己的時間更多地投入到重要而不緊迫的事情之中，所以事到臨近的時候他們並不會顯得慌亂失措，而是從容不迫、輕鬆應對，這類人就是從容人。

從容人知道哪些事情是重要的，因此，他們會早早地安排好自己的時間規劃，確保自己工作、學習、健康等方面的事情不會被 C 類、D 類事情所干擾。對於從容人來說，一張時間規劃表是必不可少的，即使沒有被標注在工作日曆上，他們的心裡也明白，自己需要在接下來的時間裡做些什麼。

美國的暢銷書作家詹姆斯·亞瑟·雷（Jemes Arthur Ray）說過，「使物體從一種狀態轉化到另一種狀態，那就是我們需要利用時間做的事。」在傳統的觀念中，自由的生活就是無拘無束，就是「無組織無紀律」。但事實並非如此，「無組織無紀律」的生活只會讓人在放縱中感到無所適從，而不會有任何從容的感覺。

在組織之中，那些曾經雜亂無章的事務都會變得有秩序；在紀律之下，那些曾經茫然失措的事情也會變得有方向。也正是這種秩序和方向，讓每一分鐘都得到合理的利用，而不是在不斷的浪費中消耗殆盡。

對於企業的高階管理者而言，每天大大小小的事務都在耗費時間，在有限的時間內，那些事件總是顯得處理不完。有些企業管理者一旦進入工作，就像「打亂仗」一樣，忙得不可開交，連休閒和學習的時間都沒有；然而，即使已經忙得暈頭轉向了，時間仍然不夠用，顧得了東、顧不了西，好不容易躺在床上，仍然會為工作的事情感到焦慮而陷入失眠。

小琪是一位女老闆，用了 3 年的時間才讓自己創辦的公司有點成就，可是隨著公司規模的擴大、人員的增多，各種繁瑣的事務和應酬讓她疲於應對。她經常抱怨的一句話就是：時間不夠用，精力跟不上。

為了凝聚員工向心力，小琪會經常和員工開會，希望員工能夠在這種集體交流中，對公司產生認同感，更加努力工作，從而減少自己的工作負擔。然而，時間也是一種成本，在這種「大會」、「長會」中，不僅是她的時間，員工的時間也都在浪費。經常出現的情況就是，小琪精心準備的一篇演講，卻只得到員工們茫然的眼神和幾個大大的哈欠……

小琪後來才意識到，提高員工工作效率的一個有效方法就是讓會議「縮水」。既然投入的時間成本無法得到相應的回報，那麼何必做這種虧本的買賣呢？每次公司 50 個人開會，那種「馬拉松」式的會議其實都是在浪費所有人的時間。每個星期五的下午開一次「大會」，一次能縮短 1 個小時的話，1 個月就是 4 個小時，50 個人就是 200 個小時，一年下來就是 2,650 個小時！小琪只是做了這樣一個簡單的計算，就堅決不再開「長會」。這麼長的時間如果用於實實在在的工作，能夠創造出多少效益！既然如此，何必要讓全公司的時間處於空耗之中，又要抱怨「沒有時間」呢？

後來的事實也確實證明，開短會更能夠調動員工的工作積極性，而不是讓員工的熱情在長篇累牘的講話中消耗一空。有了這次成功的實驗，小琪決定繼續深入地開展公司的時間管理計畫，讓公司能夠從容地應對市場競爭，也讓自己能夠成為一個「從容人」！

每個星期和每月的最後一天，小琪都會要求幾個部門的主管交上一份工作計畫，對下一階段的工作時間進行合理的安排，並在管理層內部的「小會」中相互交流、討論，將各部門的計畫綜合在一起，按照事件的重要性和緊迫性相互協調之後，形成公司下一階段的工作計畫。在這樣一個機制下，公司內部「時緊時鬆」的工作狀態再也沒有出現過，而且，小琪每個月甚至有空餘時間，會帶著大家進行一次聚餐或遊玩活動。

身為公司的管理者，一種重要的能力修練就是時間管理，在明確的目標下，按照事件的重要性和緊迫性制定相應的工作計畫，從而讓公司內的每個人都能夠從容地工作，從容地為公司、為團隊創造效益。時間是每個人最珍貴的資源，也是生活中最昂貴的成本，從成本的角度來考慮時間、規劃時間，生活也會變得更自由。

如果能夠把自己需要處理的事項，按照重要性和緊迫性進行排列，一旦養成習慣，成為時間的掌控者也就指日可待了。人生需要在自我實現中獲得自我滿足，而目標實現所需的那些事情才是最重要的，其他的任何事情幾乎都可以「靠邊站」。能夠明確各項事情的重要性和緊迫性的人，才能在各種突發情況中，做到從容不迫 —— 這就是從容人的魅力所在！

C 類事情：無用人

在優先矩陣一節中已經說明，那些緊迫但不重要的事情被劃分為 C 類事情。我們的生活當中，有著大量的 C 類事情存在。有一些人，無論工作和生活都分不清輕重緩急，總是把時間都耗費在了那些 C 類事情之上，直言不諱地說，這種人就是「無用人」的代表。

「我都計劃好了要做什麼，可是總有些什麼事打擾自己。」對於很多初學時間管理的人來說，他們總是會產生這樣的抱怨。確實，生活中有太多的事情需要處理，有時候，它們也會讓我們不得不放下手頭的事，將之作為優先處理的事項。

在這裡，耗費時間在 C 類事情上的人被稱為無用人，並不是因為他們將時間耗費在了不重要的事情上，而是因為他們永遠被此類事情牽著鼻子走。有人敲門、有電話打進來、有臨時的會議要召開，面對這樣的事情，每個人都無法置身事外。誰都不能確定門的背後、電話的那端會傳來怎樣的訊息，也無法預料到臨時會議會變成就事論事、舊事重提的沒結果會議。似乎沒有人可以拒絕處理這些事情，但其實你可以決定自己在其中耗費多少時間。上門推銷的可以直接回絕、查水表的讓他 3 分鐘內完成、產品推銷電話可以結束通話了事、親朋好友的慰問電話告訴他們自己稍後回撥、會議主題說完就可以申請離會、沒有實質內容的會議更可以拒絕參加……

在一項調查研究中發現，普通人有 50% ～ 60% 的時間都耗費在了 C 類事情上。而普通人之所以沒有大的成就，沒能實現自己的人生目標，與這樣的時間安排，也不無關係。當有些人整日抱怨著自己沒時間時，何不反思一下自己的生活，看看有多少事情浪費在了其實並不重要的事情上。

每個人的一天都只有 24 個小時，除了睡覺、吃飯、休息的時間，一天可以利用的時間就可能只剩下十三四個小時。仔細想一想，在接電話、回訊息、無用的會議、被人打斷等瑣碎的緊迫事情上，我們消耗了多少時間？有些人總是抱怨自己沒時間，埋怨太多的事情干擾自己的計畫，然而，事實卻是他們沒有處理好自己的時間，被 C 類事情占用掉了大部分時間。

企業中有相當一部分員工是「無用人」。這裡所謂「無用人」，不是真的沒有用處和價值，只是他們每天大部分時間忙於沒有太大用處的 C 類事情，這些事情的確也需要人去處理，只是身為公司付出管理成本的職員，如果具備了時間管理的素養，能夠多在 B 類事情上多花些時間，那將對企業的營運效率帶來多麼積極的意義啊！至少這些整天忙於做 C 類事情的無用人還是願意積極表現出工作的熱情的，他們有著積極工作的意願和心態，身為管理者，可以透過管理手段或給予培訓，引導這部分員工轉到第二象限的「從容人」群當中去。這不僅對企業有好處，對員工個人職業素養的提升及職業發展，也大有裨益。

部分領導者也沒有把時間當作一種資源，時間是世界上最公平、最可貴的資源了。領導者更看重資金資源、政策資源、人脈資源、人力資源、環境資源等，缺乏時間資源的意識，他們對於時間成本的認知自然也不夠深入。日常工作拖拉而低成效、專案推動緊張卻行動緩慢是公司營運中的常態，這就是 A 類和 C 類事情做太多的原因。

很多主管喜歡開會，開會當然有其好處，將公司所有員工聚集在一起，能夠更有效率地發布資訊、詢問意見。但常常一個完全可以 10 分鐘搞定的會議，延長到了半小時；明明 1 個小時可以解決問題的會議，卻被開成一場有中場休息的「茶話會」式的會議。有時候，一場 3 個小時的會議結束了，卻沒有從中獲得任何的收益，主管的那些「鼓舞」成效甚微，員工們也只是靜靜地看著主管發著呆 ...... 某些主管喜歡進行長篇累牘的講話，可能只是為了給員工「打氣」，但結果往往是將員工的工作熱情消磨一空。

身為公司主管，應該想辦法，讓有限的資源發揮出最大的效益，而不是成為時間的浪費者，成為一個「無用人」。主管們要有意識地讓會議「縮水」，減少自己、也減少大家在 C 類事情上耗費的時間。同樣一道簡單的計算題，一個部門有 10 個人，如果能夠每個月將會議縮減 10 個小時，一個月就能節省 100 個小時的時間！而這 100 個小時能給公司帶來更多額外的價值！很多時候，職業人並不是沒有時間用，而是沒有將時間用在重要的事情上，於是，時間消耗了，目標卻沒有實現，變成為了時間管理矩陣中「無用人」的代表。時間是最公平的，也是最可貴的財富，有人的時間很廉價，開開會、打打電話、發發呆就過去了；有人的時間卻在不停地為自己帶來收益和愉悅。

D 類事情：懶惰人

D 類事情既不重要，也不緊迫，但往往會讓一些人沉淪其中而無法自拔。玩遊戲、看電視劇、看小說，這些都能讓我們獲得一種心靈上的愉悅，但要說它們有多重要、有多緊迫，就是妄談了。將時間都浪費在 D 類事情上的人，必然是「懶惰人」的一員。

人們常常會說一個人很懶，「就知道玩遊戲、上網、看小說」，但他們卻有著自己的辯解——「適當工作，適當休息」。對於時間管理，我們從來不否認休息的重要性，事實上，我們更加推薦大家可以做到真正的「適當工作，適當休息」，而不是一味地工作、學習，不知休息。但對於「懶惰人」則不同，往往當他們說過「讓我休息一會，上一下網、看一下電視」之後，他們就躺在床上安心地睡覺了，至於有什麼事要處理的，「明天再說吧」……

大部分人都有天生的惰性，能坐著絕不站著、能躺著絕不坐著，能 2 個小時以後做的事情，就絕不馬上做完……正是因為這樣的惰性，D 類事情雖然既不重要、也不緊迫，卻往往耗費了我們大量的時間。

很多人寧願將時間消耗在 D 類事情上，也不去處理那些重要或緊迫的事情，因為他們害怕付出代價。想要取得時間管理的勝利，我們不可能一點代價都不付出，事實上，高成效的時間管理在前期會讓我們感到相當辛苦，而懶惰人是最拒絕辛苦的一類人，哪怕只是一點點辛苦。

人都是有惰性的，就好像我們都喜歡一個乾淨、整潔的家，但打掃、整理實在是太辛苦的一件事。我們渴望一個美好的結果，卻不願忍受其中的一點痛苦，那麼，我們就只能慢慢習慣那個髒、亂、差的家居環境，只能在「阿 Q 精神」中自我安慰。

生活通常有兩種思路：即由過程到結果和由結果到過程。在時間管理中，當我們關注到結果的那段過程時，我們常常會因為其中的「麻煩」望而卻步，但如果我們先看到那個結果，再由結果反推過程，我們或許會更容易接受其中的辛苦。我們想要乾淨、整潔的家，那要怎麼實現這個願望呢？只有勤快地打掃、整理……

每個人都有著自己對辛苦的忍受能力，我們能忍受洗碗的辛苦，卻不能接受擦窗戶的勞累；我們能忍受 1 個小時認真學習，卻不能忍受 8 個小時辛苦工作。這時，我們不妨從小事做起，既然那些「大事」讓自己難以承受，那麼，改換一種認知和方法，只做小事、簡單的事情就好。

其實，高成效、及時地完成一些簡單的事情，對於我們來說並不困難。尤其是對於懶惰人來說，我們常常會驚奇地發現，他們處理小事的效率實在讓人驚嘆！但他們就是狠不下心，讓自己投入到「大事」中去。那麼，我們不妨將大事化小，把那些分量沉重、過程複雜、用時長的「大事」分割開來，分成若干件小事，我們就能夠勤快許多。

曾經有個「懶惰人」，他的改變經歷實在新奇。身為一個懶惰人，他也知道懶惰不好，不想再浪費時間在那些不重要也不緊迫的事情之中。於是，他給自己做了這樣一個規定：對所做的重要事情做紀錄，每做完一件重要的、有價值的、有意義的事情，自己就能賺到 15 分鐘的時間。重要的事情不以時長、大小為區分，賺到的時間可以累積但不可以預支，他計畫一年下來，把所有賺到的時間用於各種「玩」的事情上面。

他就這樣和自己做起了交易，看似荒誕的做法，卻帶來了不俗的效果。每做完一件重要的事情都要做記錄，這讓他感到了很強的緊迫感。但這樣的交易，卻讓他真正地進入了狀態，為了能夠擁有更多的時間休息、玩耍，他只能去做更多重要的事；為了能有 1 天「肆意妄為」的時間，他能夠忍受一週不看電視、不逛街。我們或許可以心安理得地欺騙別人，但卻不能欺騙自

己 —— 自己往往是自己最好的監督人。有時候，晚上睡覺的時候，他會去翻翻自己的「帳本」，看看自己今天做了多少事，賺了多少時間，以前那種隨心所欲的感覺也從此一去不返了。

適當的工作與休息是時間管理中的重要一環，但懶惰人卻將之作為藉口，肆意地將時間用於「逸」，而不去工作。很多懶惰人並不是不珍惜時間，相反，他們對於時間的重要性看得也很透澈，但他們卻陷入了另一個極端 —— 害怕浪費時間。這種恐懼讓他們在行動中畏手畏腳，認為如果自己沒把所有的事情安排好，就無法全身心地投入到工作、學習中去，就會浪費時間。其實，只要開始做了，就不可能是完全浪費時間的。即使結果是失敗，也從中獲得了經驗與教訓，這樣的失敗也讓時間變得有價值。過多的計畫往往會成為「紙上談兵」，計劃來計劃去，考慮這個、害怕那個，最終的結果就是時間沒有了，我們卻一無所獲。

人的惰性在於對辛苦、失敗的逃避，在於對自己的放縱。於是，有人開始做一些不重要、不緊迫的事情，它們既不辛苦，也沒有失敗可言，安逸於此卻一事無成。不想成為一事無成的「懶惰人」，就必須放棄那些不重要、不緊迫的事，以有清晰目的和價值的行動、具體而準確的動作，用有限的時間，去獲得無限可能的未來！

中篇

物所生，心所動

事物之所以產生、發生，是由於用心去做、去驅動。

心在哪裡，事情就在哪裡；事情在哪裡，時間就在哪裡。

我們投入了什麼就會收穫什麼，我們在什麼領域投入時間，就會在什麼領域獲得回報。

專業人士通常意義的成功是在工作和事業上投入較多時間和精力，以獲得別墅、名車以及鉅額金錢。從大部分專業人士的客觀條件作為考慮問題的出發點來講，我希望大部分專業人士能夠透過學會時間管理的理念和方法，獲得一個相對於自身的「成功」，即獲得一個進取、愉快、平衡的生活狀態和充實、無悔的人生，而非只是追求金錢和物質，卻失去了健康、心智、休閒、家庭等其他人生重要的方面。從這個角度看，時間管理的執行取決於價值觀的差異。

我建議當代專業人士應該把時間適度均衡地分配到六大領域中去，即身、心、樂、家、業、財 6 個方面。在每個領域都要根據「優先矩陣」的理念，多做重要而不緊迫的 B 事情，從而獲得從容、均衡的生活狀態，乃至從容的一生。

第 03 章
身 —— 健康時間管理

你了解自己的身體嗎

健康管理即時間管理矩陣當中的 B 類事情，需要我們投入大量時間來打理和執行，而多數人常常忽視健康狀況，較少對健康事項進行時間投入，或者一再拖延有關健康管理事項的執行。

人生目標並不僅僅是金錢和物質，很多人總是把自己的目標定義為賺了多少錢、掌握多大權力、開著什麼車……當然我們不能因此忽視金錢和物質，它們無疑能夠為我們帶來舒適的人生享受，也可以在某方面衡量我們的努力成果。然而，人活在這個世上，享受人生的前提條件是：首先要有一個健康的身體。

「身體是革命的本錢！」人人都在一直努力奮鬥著，為了金錢、為了權力，為了獲得身心的愉悅，也為了見證家庭的美好……無論是為了什麼，都需要有一個健康的身體，事實上，正是這樣一副脆弱的身體，支撐著人們去實現自己的夢想。很多人都曾經歷過年少輕狂的階段，雖然父母們常跟子女們嘮叨說要照顧好身體，可是子女們年輕時沒有多少人把這些當一回事。年輕人總是太自信，不過就是感冒、咳嗽、發燒，過兩天就好了；精神不好，撐一天睡一覺就好了。而時過境遷，當人們回憶起那段時光的時候，大多會為自己感到驚訝，當初的自己怎麼能那麼看得開，那麼相信自己的恢復能力。職場打拚，必須有好身體，可是你真的了解自己的身體嗎？

「我的身體，我還不知道嗎？」每當這句臺詞出現在影視劇中時，說出這句話的人就必定會被檢查出某種「不治之症」。事實上，在現實生活中，很多人真的不了解自己的身體。很多人認為，不生病的身體就是健康的，卻不知道很多健康隱患早已埋下，直至病入膏肓才幡然醒悟。還有人會說，公司沒有統一安排員工體檢或自己沒有時間去醫院檢查身體，即使公司沒有安排，也應該盡量保證一年至少一次體檢。而在平時，我們應學會從身體的某些細節來了解它。

人體有八大系統，它們是運動系統、神經系統、內分泌系統、循環系統、呼吸系統、消化系統、泌尿系統和生殖系統。有四大組織，它們是上皮組織、結締組織、肌肉組織和神經組織。幾種組織相互結合，組成具有一定形態和功能的結構，就是器官。如骨骼、腦、心臟、肺、肝臟、胃等。非醫學專業的普通人可以透過學習一些生理知識來大致掌握這些器官的位置、功能，以及如何保護和保養它們。

臉是人最顯著的外貌特徵，可以透過臉來分辨不同的人。了解身體同樣如此，人體健康問題中有超過 7 成會在臉部有所展現。

通常會將黑眼圈看作是沒睡好的緣故。但黑眼圈並沒有那麼簡單，因為黑眼圈通常出現在下眼瞼，而這部分的皮膚比身體其他部分都要薄，所以，下眼瞼皮膚很容易反映出血液的顏色。當黑眼圈出現在我們的臉上時，就要小心自己的血液中是不是沉積了太多的廢物，這通常是由腎功能失調引起的。當然，壓力過大或者過度疲勞，也是黑眼圈出現的原因之一，這就需要好好放鬆、休息休息。

眼皮浮腫也不僅僅是因為哭多了或者水喝多了。有時候，明明睡前沒有喝多少水，可是早上照鏡子卻看到一對浮腫的眼皮。尤其是感到下身無力、口乾舌燥時，就有很可能是體液失調的原因。腎是負責將人體多餘水分排出體外的，而一旦身體缺水，腎就會放慢新陳代謝，將水分囤積起來，這就造成了浮腫。遇到這種情況，只要喝上一大杯水即可。

針眼通常會讓人感到很強的疼痛感，但也會很快自癒。當然，針眼的出現，其實是病菌感染造成的。由於病菌感染，睫毛根部會進入到眼中，從而引發發炎。因為針眼通常會很快自癒，很多人不將其當作一回事。然而，針眼其實是免疫力衰退的象徵，尤其是當針眼反覆出現時，就需要多喝些補中益氣湯來增強身體的免疫力。

嘴唇與下眼瞼一樣，都能夠反映出血液的顏色。嘴唇的表皮則比下眼瞼更薄，對此反映得也更充分。而無論嘴唇是過白或過紅，都不是好的徵兆。如果嘴唇過白，我們就要考慮是不是自己的紅血球不足——也就是貧血了，多吃動物內臟或豆腐會有些好處。很多人會喜歡「唇紅齒白」的樣子，但「唇紅」也是有限度的，如果嘴唇過紅，那就可能得了中醫所說的「熱症」。熱症分為「實熱」和「虛熱」，「實熱」自然是需要給身體降降火了，而「虛熱」則大多是由身體水分流失引起的。這時，我們就要多吃新鮮水果或喝水來補充水分，化解體內多餘的熱量。

有些人會有很重的「口氣」，即使刷牙也沒有多少緩解，這通常是牙齒生了病。當病菌進入牙根與牙齦的縫隙中時，就會不斷地發展壯大，從而引發牙齦炎，並滋生「口氣」。當然，如果口腔清潔不徹底，食物殘渣長期累積之後，也會形成結石，從而使發出的氣味變得難聞。這種情況下，洗牙是很好的選擇。

最讓人尷尬的無疑是睡覺流口水。有時候，趴在桌子上睡覺，卻流了一手臂的口水；有時候，躺在床上做著美夢，卻被溼了的枕頭弄醒；有時候，只是早起時掛在嘴角的一點口水……流口水，自然是唾液分泌過多，究其原因，則是腸胃功能虛弱，導致水分無法被充分吸收，造成唾液被稀釋而流了出來。舌頭是人體最重要的肌肉之一，也是人們使用最頻繁的一塊肌肉，舌頭的顏色則透露出很多身體的資訊。當血液中廢物增多，而體內水分又供應不足時，由於缺氧血與含氧血相混合，舌頭就會隨著血管的顏色而發紫。維持清淡的飲食，做些有氧運動則會改善這種狀況。

而當舌苔泛黃時，就要加強對感冒的預防工作了，注意保暖、多吃清淡去火的食物、睡前喝杯熱牛奶等都能有效地降低感冒的可能。舌苔泛黑，則是體溫升高的表現，體溫升高不一定就是發燒，劇烈運動之後或者處於憤怒之中，舌苔也會泛黑。洗個熱水澡，做些放鬆運動會有所緩解。

鼻頭粉刺則很可能是消化不良的原因，可以多吃些香蕉、地瓜之類的食物，從而保持消化道的通暢。鼻頭發紅則是肝臟超載的警兆，尤其是當喝酒時，由於酒精分解不及時，肝臟超負荷運作，鼻頭出現發紅。因此，控制飲酒十分重要。

白裡透紅的臉頰是很多人的最愛，也有人認為紅紅的臉頰可愛，有人認為蒼白的臉頰有氣質。如果只是為了好看，現代那些高超的化妝技術，完全可以滿足這類需求。但卸下妝容，臉頰也是身體健康的象徵。

有時候，照鏡子檢查一下自己的面部皮膚、眼睛、鼻子、口舌、耳朵，是否有異常狀態和變化，可以及早發現很多潛在的或初期的疾病，從而儘早地做出相應的處理。

在人體軀幹中，最重要的骨骼就是脊椎，怎樣測試自己的脊椎是否健康呢？保持平時的站姿，讓自己全身都處於放鬆的狀態之下，這時候讓人從自己的左側面和右側面為自己拍張側身照。仔細看看照片，你的頭部是否與肩部在一條直線上，而不是向前或向後傾斜？背部下半部分是否有向內的一個小弧度，而不是一個大弧度或是向外的？如果答案為否定的，那麼，你的站姿就有錯誤。這不僅會影響自己的外觀、氣質，也會導致脊椎損害的發生，甚至會壓迫到神經，從而引發頭暈、肩痠等症狀！

為了自己的脊椎健康，可以做一些簡單的練習。比如站在門框處，雙手分別抓住 9 點鐘和 3 點鐘的位置，盡量向前傾斜身體，重複幾次後，再將雙手放在 11 點鐘和 1 點種的位置，重複幾次。從而為脊椎做一次運動，改善身體。

接下來，再來測試一下自己的平衡性。將雙腳前後排列，站在一條直線上，然後用後腳腳尖抵住前腳腳跟，雙手自然下垂在身體兩側；閉上雙眼，默數 10 下。在這 10 秒中，你的身體是否出現了晃動？如果是的話，你的平衡性就有待提高，否則，在日常行走中，由於用力不均，腳踝和膝蓋就可能出現損傷，脊椎損傷的問題也會隨之發生。

要提高自己的平衡性，可以時常做出「金雞獨立」的姿勢，比如刷牙、看電視的時候，都可以做這種練習。身體也是生命的根本，是人天生擁有的一種基本資源，要讓自己每天的 24 小時產生更大的效益，就必須更多地了解自己的身體，保持身體的健康和正常運轉。當然，了解自己的身體不只是透過器官在超載時發出警報，更應主動了解其生理構造及功能，細心給予保護和保養。只有關注這些細節，我們才能充分了解自己的身體，並保證它 24 小時都保持良好的狀態。

你有健康的生活習慣嗎

了解了自己的身體，我們自然可以在身體患病之前或初期，採取相應的預防或解決措施，但這樣的後知後覺，終究是慢了一步，仍是被身體拖著走。我們要掌控自己的時間，也要掌控自己的身體，而這就要從健康的生活習慣做起。

現在的人們，太多人的身體處於「亞健康」的狀態。人們似乎習慣了工作日拚命工作，晚上還會玩樂到夜裡 12 點，每天以一種萎靡的狀態艱難地離開被窩，來不及吃早飯就睡眼惺忪地趕去公司上班。而一旦到了週末，夜生活就「嗨到爆」了，對於現在的年輕人來說，凌晨 2 點之後睡覺是極為普遍的，畢竟，第二天可以美美地睡上 12 個小時。事實上，睡得晚、蔬果吃得少、喝燙水、憋大便等不良的生活習慣，正讓人們距離癌症越來越近！

一些滾燙的食物或飲料，總是會贏得很多人的喜愛，如快炒店熱炒、咖啡店咖啡，還有很多人愛吃的麻辣火鍋……對於大部分人來說，這些飲食如果不「趁熱吃喝」，那還有什麼樂趣？可是，正是這些「趁熱」的飲食文化，讓人們的食道面臨著極大的癌變威脅。由於滾燙的食物或飲料進入食道之後，會燙傷食道黏膜，從而引發口腔黏膜炎、食道炎等病症，久而久之，這些炎症也會演變成癌症。而數據也確實顯示了在那些熱愛「趁熱吃喝」的地區，食道癌、胃癌、口腔癌的發生機率要高於其他地區。當面前擺上一碗熱騰騰的食物或飲料時，切忌急著去品嘗，要知道，「心急吃不了熱稀飯」。尤其是一些有內餡的食物，它們的外表可能已經不燙了，但裡面還是滾燙的，一定要小心「踩雷」。

現代人們的生活條件比以前好了很多，而如今卻有一個奇怪的現象就是有些蔬菜比肉食還貴。大概是因為在很多人的食譜中，蔬果占據的分量越來越少了。有時候，坐在飯桌旁邊，人們都會發出這樣的「哀嘆」：怎麼又是這麼多大魚大肉……尤其是在飯局中，蔬菜實在是很少見。而一頓飯結束之後，那些大魚大肉還剩下那麼多，蔬菜卻「光盤」。但對於某些人來說，蔬菜吃起來實在是沒意思，還是做「肉食動物」的好。蔬果吃得少，其最明顯的後果就是人會變得肥胖，而肥胖也與乳癌、前列腺癌等多種癌症密切相關。蔬果中蘊含著大量人體必需的維他命，維他命缺失會導致患上癌症的機率大大增加。即使不是為了預防癌症，也應多食蔬果，蔬果中的膳食纖維有助於我們的腸道蠕動，促進新陳代謝，為人體排毒。

正如之前所說，熬夜對於時下的年輕人來說，實在是家常便飯。很多人是因為工作原因而不得不熬夜加班。但對於另外一部分而言，熬夜其實並不是無奈的選擇，相反，他們其實非常喜歡熬夜。泡酒吧、去夜店是很多年輕人追求的「流行」，那些每天早睡早起的人，在他們看來都是「OUT」的。但作為晝伏夜出的「派對動物」，他們的生理時鐘會失調、褪黑激素會被夜間燈光破壞、人體免疫功能也會大幅下降。英國科學癌症研究中心的一項研究顯示，世界上 99.3% 的癌症患者常年熬夜！有時候，我們因為各種原因不得不熬夜，但最好不要超過晚上 12 點。如果不得不加班到凌晨，那最好拉上窗簾，為人體營造一個「夜晚」的環境。

對於很多人來說，一旦坐下來就再也不想動了。在公司上班坐了一天後，回到家中坐到沙發上又不願意再離開。然而，久坐對於人體的危害極大。由於坐姿原因，久坐會給頸椎、脊椎帶來極大的壓力。根據德國相關專家的研究，人體的免疫細胞數量，其實是與活動量成正比關係的，久坐不動，人體免疫細胞必然會大大減少。胃癌、大腸癌、前列腺癌的患病機率，也會因此大大增高。當我們坐下 2 小時左右時，就必須讓自己站起來，活動 15 分鐘。

現代人的生活工作中，實在有太多因素危害著人們的健康。二手菸、過度裝修、空氣汙染……對於這些有害因素，我們有時候實在是無能為力，但我們也可以透過改善自己的生活習慣，降低我們的身體所受到的危害。

越來越多的人知道並開始堅持一個健康的習慣，就是每天清晨喝上一杯溫開水。雖然只是小小的一杯水，但對於人體健康和延年益壽而言，都有著莫大的好處。清晨空腹飲水，可以有效利尿、利便，既可以預防習慣性便祕，也可以幫助人體排毒。由於晚餐是我們生活中最正式的一頓飯，因此容易在晚上攝取過多的動物性蛋白質，這與我們食譜中過多的肉類食物也有很大的關係。經過一個晚上的分解代謝，這些動物性蛋白質中的一些毒性物質會囤積在體內，這時候一杯利尿、利便的溫開水，就能很好地幫助人體將其排出體外。除了動物性蛋白質中的毒性物質之外，前一天涉入的過多的氯化鈉也會因此得以排出，從而預防高血壓、動脈硬化等疾病。另外，在一夜的睡眠當中，由於汗液和呼吸等因素，體內的水分會流失很多，血液也會因此變得黏稠，血管更會因為血容量的減少而變窄，甚至是閉塞，這也會提高心絞痛的發生率，睡醒後喝上一杯水，能夠及時補充身體流失的水分。

喝完這杯溫開水之後，就要吃上一頓營養早餐了。早餐為我們每天的腦力活動提供了能量，不吃早餐或早餐品質較差的人，很難在清晨保持敏銳的思考和靈活的反應，讀書和工作效率也會因此降低。而對於熱衷於減肥的人而言，良好的早餐習慣是預防發胖的有效手段。

不僅是在早餐中，在每一次飲食活動中，膳食的營養搭配都極為重要。每天必須進食足夠的蔬菜水果等鹼性食品，才能實現合理膳食。而「吃到撐腰」則是一種對身體極為有害的飲食習慣。曾經看到一則新聞說，一位女士由於暴飲暴食，甚至吃到了「胃爆炸」的程度。

為了生活，我們需要花費大量的時間投入到工作當中去。但在工作之餘，完全可以擁有半個小時的自主支配時間。這半個小時可以用來睡覺，也可以用來閒聊，同樣可以用來進行一次有氧運動。每天進行 30 分鐘的有氧運動，可以有效預防心臟病、糖尿病、骨質疏鬆、肥胖、憂鬱症等病症，還可以讓人變得更加快樂、自信。這樣的運動最好是在日出後，空氣較為清新時進行。

而在每天除了睡覺、工作之外的 8 小時中，我們最好能夠擁有更加廣泛的興趣愛好，讓身體處於放鬆之中。看一本漫畫、幾則笑話，讓自己放聲大笑一次；收集一本郵冊、幾張剪紙，讓自己感受更多的成就感；陪家人聊聊天、和朋友談談心，讓自己心情愉悅。這些活動既能讓我們從緊張的工作中解脫出來，也能夠讓我們在人際交流中自我提升。對於身體而言，愉悅的心情、親密的關係，能夠有效預防與減緩心臟疾病。

度過一天之後，我們就能好好地睡上一覺了。充足的睡眠時間是十分重要的。為此，我們最好能夠讓自己每天 23 點之前進入睡眠狀態。當然，睡眠的品質通常比睡眠時間的長短更為重要。確保床、被子、枕頭的舒適程度，讓自己自然、舒適地躺在被窩裡；做上幾次深呼吸，讓自己放鬆下來；將工作的煩悶、生活的興奮都排除腦外，從而以輕鬆、平靜的身心進入睡眠。

根據身體機能的發生時間及生理時鐘的規律，有健康專家為大家設計了一張晚間的適宜活動時間表。

晚間自我調節時間表

時間	身體機能	適宜活動
21:00 ～ 23:00	免疫系統（淋巴）排毒	安靜、聽音樂
23:00 ～ 1:00	肝排毒	熟睡
1:00 ～ 3:00	膽排毒	熟睡
3:00 ～ 5:00	大腸排毒	咳嗽患者忌用止咳藥
5:00 ～ 7:00	小腸排毒	排便
7:00 ～ 9:00	小腸吸收營養	進食早餐
00:00 ～ 4:00	脊椎造血	必須熟睡

養成健康的生活習慣，能夠讓我們遠離各種病症。雖然人們不能逃避工作壓力，躲不開客戶和朋友的飯局，也脫離不了自然環境的惡劣，但你可以盡量調整自己的健康習慣，透過保護、保養和鍛鍊，積極應對。避免過度消費自己的身體，保持健康的本金，避免身體資源枯竭加快。高成效的時間管理首先要有高成效的健康管理。

恰當的時間，適合的運動

運動有益身心健康，已經成為所有人的共識。每天在上班或下班的路上，人們會看到很多老年人聚在一起，在公園、在路邊，或打著太極拳，或跳著「韻律舞」……當然，運動不只是空閒時間較多的老年人的特權，即使是在公司裡，健身也成了很多職場人的共同話題：「×× 家健身房的環境好、教練好；××× 健身卡實惠、適合自己……」運動已經融入到每個人的生活中。

然而，無論是什麼事情，即使是運動，都需要在恰當的時間進行，同時，不同年齡和不同體質的人，也應該根據情況選擇不同的運動方式。恰當的運動不僅能讓身體時刻處於最佳的狀態，還能維持精神健康，並實現很多人的減肥夢想；但如果是在不恰當的時間做不恰當的運動，不僅不會得到什麼益處，還會讓身體面臨受傷或疾病的威脅。

適合大眾健身的運動形式有很多，根據條件和自然環境，可以選擇在室內和戶外運動。常見的健身運動有健身器材、跑步、走路、游泳、瑜伽、太極、舞蹈等，以及球類運動如三大球，足球、籃球、排球；三小球，桌球、羽球、網球等。但要注意的是，運動一定要因人而異、因時而異、因地而異，根據自身情況、時間、地點等條件，合理地安排好運動的時間、鍛鍊的頻率。不要看周圍的某人「玩」某項運動很好，你也一定要挑戰這項運動，事先要判斷一下它是否適合自己。

當身體處於病痛之中時，尤其是在出現流感症狀時，運動則可以適當減少或者取消。很多人相信「堅持就是勝利」，即使是在病痛之中，也不願改變每日運動的習慣。但是，當處於發燒、咳嗽、關節痛或胸悶時，最好還是不要堅持運動了。這些病症都是人體在細菌或病毒感染下，作出的嚴重的緊迫反應。這時候，如果還堅持運動的話，反而會造成人體水分大量流失，使病情加重。因此，既然已經生病了，我們還是休養幾天，多睡點覺、多喝點水，讓身體盡快恢復，從而繼續自己的運動計畫。

而對於自己的運動計畫，還是要保持理智的。在運動過程中，尤其是運動計畫開展初期，常常會感到肌肉痠痛。其實，肌肉痠痛是一件好事，這是肌肉生長的象徵。而在這種情況下，最好還是讓自己的肌肉適當放鬆一下。很多人感受到了肌肉痠痛，反而會因為運動成效的出現，繼續加大運動量，激勵自己「再接再厲」。事與願違的是，在肌肉出現痠痛感，尤其是當痠痛感較為強烈時，維持或加大運動量會造成肌腱和韌帶承擔過大的壓力，運動效率會降低，身體也會因此受傷，而肌肉可能會縮小！

當肌肉出現痠痛感時，應該適當放緩運動的腳步，給肌肉生長留出一點時間。如果肌肉痠痛感強烈，你可以採取每天2～3次、每次持續15～20分鐘冰敷的方法來讓痠痛感有所減緩，這種情況下運動計畫則必須完全中止。

由於白天都要忙於各種工作，人們往往會把運動放在晚上進行。當拖著疲憊的身體回到家中，在短時間的休息後，又要忙於家務。吃完飯、洗過碗，時鐘也指到了晚上7點，為了能夠擁有休息、洗澡的時間，並在晚上10點左右上床睡覺，就「不得不」在飯後開始運動了。對於以「老饕」自稱的人而言，吃飯實在是一件「罪惡」的事，既想吃，又不想長胖，因此，他們會選擇盡快將吃掉的食物消化、燃燒乾淨。無論是哪種情況，飯後立即運動都是不可取的。吃過飯之後，身體的血液會大量流入到胃腸之中以促進消化，這是因為人體會自動將血液輸送到急需能量的器官。但在飯後運動，就出現了肌肉與胃腸「搶血」的情況，更有力量的肌肉當然會更勝一籌，胃腸就面臨著「缺血」的風險，而胃痙攣、胃脹等症狀就會相伴而生。因此，飯後半小時內不宜立即運動。

為了防止長期中止運動計畫，導致身體「不良因子」反彈，即使是在高溫或酷寒之下，也應堅持少量運動。冬季氣候比較寒冷，運動幅度小、熱量消耗較大的有氧運動，對於愛運動的人而言，是更為合適的選擇。對於老年人而言，散散步、打打太極是不錯的選擇，但如空氣品質不好時，老年人應該更多地選擇室內運動方式；中年人的體力已經有些不足，快走、慢跑等低衝擊的有氧運動，更適合；而年輕人則可以進行跑步之類的高衝擊有氧運動。在日晒強度較高的夏天，尤其是氣溫達到 35°C時，運動還是放在冷氣房裡進行吧！畢竟在氣溫越來越高的情況下，在室外太陽下熱痙攣、熱暈厥甚至中暑更容易發生。即使是氣溫較低的初秋，要進行戶外運動，也要盡量縮短運動時間並及時補水。

不考慮工作時間限制的話，下午四五點是運動的最佳時機。在這樣的時間點，人體的溫度達到了一天中的最高點，而且肌肉的柔韌性也最好，力量強度處於最高峰，運動自覺量卻處於較低水準。當然，對於大多數人而言，在這段時間很難擁有充足的時間進行運動，可以在其他時間進行合適的運動也是極好的。

清晨是每天運動的另一個最佳時機。其實，清晨的運動往往比晚上的運動更容易堅持下去。這大概是因為睡了一覺之後，對於新的一天有更大的熱情；而忙碌了一天之後，往往會感到疲憊，而會在運動上有所懈怠。清晨的運動對於人體而言也有著莫大的好處。清晨進行一些有氧運動，可以快速啟用全身細胞，讓自己以更加完美的狀態面對一天的工作；還能夠加速人體新陳代謝，幫助人體排除晚上累積下的毒素。當然，既然要運動，就要攝取一些蛋白質和碳水化合物，為身體補充能量。

處於職場中的人，往往面臨著更大的工作壓力，在大量的工作任務下，人們總是為各種事忙碌著，這也使得「亞健康」狀態普遍出現在上班族的身上。我們並不是不想維持身心的健康，但繁忙的工作總是讓人「沒有時間」去運動。其實，這也只是偷懶的藉口而已，運動無處不在，並不都需要耗費很長的時間。在工作間歇時，可以伸伸腰，彎彎腿或做做健身操、或者邁步走樓梯，這些簡單運動只需要 5 ～ 10 分鐘的時間，不僅耗費時間少、方式簡單，而且能有效緩解緊繃的神經，保持身心健康，並可提高工作效率。大量的研究也顯示，適度運動對於思維靈敏度、時間管理能力和工作效率的提高都有著極大的促進作用。

在一天的工作之後，確實讓人感覺十分疲憊，回到家中，甚至恨不得倒到床上就睡上一覺。然而，還要做飯洗碗，還有沒完成的工作要做，還要利用這些時間進行自我進修……這些事情都需要讓身體迅速從疲憊的狀態中走出來。與認知相反的是，這時候進行運動並不會讓我們更加疲憊，反而會在加速體內血液循環中，補充大腦所需的能量，其提神效果往往比打盹還好。因此，下班之後花上 20 ～ 30 分鐘時間，在家裡附近快走一圈，或者在家裡做些有氧健身運動，能夠讓我們更好地應對自己的晚間活動。

生命在於運動，但不恰當的運動時間、不合適的運動方式，卻不一定對生命有益。一天只有 24 個小時，8 個小時的睡覺時間當然要用來充分休息，而運動則可以穿插在另外的 16 個小時裡。

讓身體快樂起來

身體對喜怒哀樂是有反應的。當我們了解了自己的身體就會發現，那些不起眼的小細節，正是身體表達自己喜怒哀樂的方式。不暢的胃腸是身體的「怒」；暗沉的肌膚是身體的「哀」；消失的病痛是身體的「喜」；滿滿的活力則是身體的「樂」，只有身心平衡健康，身體才會真正的快樂起來！

然而，根據著名的董氏基金會的調查顯示，受訪者的身體快樂指數平均值只能勉強達到及格線，身體不快樂的人占據了總數的三分之一！而在對於各個年齡層的對比研究還發現，身體最不快樂的並不是疾病頻發的中老年人，而是 20 ～ 39 歲的青壯年。

董氏基金會該調查是以「五力」為衡量指標的，即「美肌力」、「順暢力」、「免疫力」、「舒活力」、「愉悅力」，其分別代表著肌膚狀況、胃腸狀況、免疫力情況、舒暢活力程度以及心理是否積極向上。根據相對應的比例，以百分制對調查結果進行評分。結果卻是受訪者平均得分僅為 63 分，身體快樂指數不及格的受訪者達到了 37%。最令人驚奇的就是，在身強體壯的代表 —— 20 ～ 39 歲的受訪者中不及格人數占比超過 48%，而在 60 歲以上的中老年人中只有不到 10% 的人身體不快樂。

到底怎麼讓身體快樂起來呢？

這裡就不得不說到蔬菜水果的攝取量了。正是因為青壯年族群蔬菜水果吃得太少，他們的身體才會比其他年齡層的人更加不快樂。我們每日吃了多少蔬果、有多長時間沒有吃蔬果，對於身體快樂指數有著直接的影響。根據該調查結果顯示，蔬果攝取達標的人中，有超過 77% 的人身體快樂指數超過及格線。其中 60 歲以上老年人的身體之所以能夠更加快樂，其每日蔬果平均攝取量遠高於其他年齡組，這是一個重要原因。

常言道，「食魚食肉，也著菜佮」，所謂的「菜」，指的就是蔬菜水果。肉類是酸性食物，而人體內的體液卻是鹼性的。攝取大量的肉食，會導致體內的酸性過高，人體為了維持體內的酸鹼度，就會從骨骼中釋放鈣質來平衡過度攝取的酸性。這也是越吃肉，骨質疏鬆卻越嚴重的原因所在。

因紐特人是生活在北極地區的原住民，由於氣候、地理原因，因紐特人吃不到蔬菜瓜果，過著「以肉為食，以皮為衣」的生活。看似瀟灑的生活方式，卻讓他們的平均壽命只有 37 歲！

蔬果中含有豐富的營養，其中的各種維他命和礦物質都是身心健康的必需要素。有研究就曾明確指出：「成人每天至少應吃 200 ～ 400 克水果。」在一項針對亞洲人的調查報告中，只有三成左右的人每日攝取足量的蔬果。而另一項調查更是發現，「亞洲人平均油脂的攝取量占 34%，而飲食中油脂建議量占熱量 30% 以下，但最理想油脂建議量為 25% 以下；男性平均一天所攝取膳食纖維 13.7 克；而女性平均為 14 克，普遍低於世界衛生組織所建議的每天攝取量 25 ～ 35 克！」

1991 年，美國癌症研究學會建議：「民眾每天最好吃 5 種以上不同蔬果來防癌，以預防大部分癌症發生，當前癌症仍無法治療，由預防下手是最實際的做法。」沒錯，除了維持身體健康之外，蔬果更有著強效的抗癌功能。由於蔬果中含有多種植物化學物質，這些化學物質其實是植物保護自己的一種基本毒素，但在進入人體之後，就會促進人體產生一種酵素，從而中和人體內致癌的化合物。

在這樣一個高速發展的社會，我們似乎都陷入了一個框架中無法自拔。為了生活，為了買房買車，為了結婚生子，我們都迫切地努力著，好像生來就是為了這些而奮鬥的，其他的則可以盡情忽視，即使是身體健康和精神追求也都置之腦後。

有很多人從來不會多在乎自己的健康，習慣了用透支身體的方式去獲得普遍意義上的「成功」。2011 年，一位年僅 23 歲的女生，因為急性胃潰瘍出血性休克而離開人世。她是一個可愛、開朗的女孩，剛踏入社會的她，對於未來有著自己的憧憬，也有著激昂的熱情。她與大多數上班族一樣，因為長期加班而不得不熬夜，晚上 9 點才能吃上晚飯，吃完倒頭就睡。即使是在胃痛難忍時，她依然堅持上班，當她想要請假休息時，請假申請也未能得到批准，直到實在堅持不住了她才被送到醫院。當她被確診為急性胃炎時，一切都為時已晚。我們很難想像，就是這樣一個小小的胃炎，帶走了這樣一個年輕的生命。但我們要知道，我們怎樣對待身體，身體就會怎樣回報我們！

時代的巨輪越轉越快，我們也越來越成為時代巨輪下的一個機器，上了發條就停不下來。然而，人畢竟不是機器，不能撐就別硬撐，該休息時就休息，有病痛就要給予重視。李敖曾經說過：「上帝管兩頭，我管中間。中間都管不好，我拿什麼生活？」人生是一段過程，生活是一種無可奈何，但人生如何並不在於有多少錢。試問，辛苦賺下的那點錢，真的能夠應付身體的不快樂嗎？

有些人愛美、怕胖，尤其是一些女士，肚子上多了一點肉，就吃減肥藥、節食減肥。但是健美的體型離不開合理的膳食和適當的運動。有些人服從上司，一旦老闆有要求就熬夜、加班，最後老闆也把這些當做理所當然。有些人不愛看病，小病就忍著，或者自己買點藥吃，堅持不住才去看醫生。要知道「病沒小病」，任何的病痛，如果不及時、不妥善地處理，都可能演變成威脅生命的病症。透支自己的身體，我們的身體當然不會快樂。有人說：「人在 50 歲前是用身體健康換金錢，在 50 歲後才知道用金錢換身體健康。」還有這樣的說法，「亞洲人 99% 的錢用在了死前一年的搶救中，而外國人卻用在了平時的保養上。」當我們花錢保養自己的愛車以防其過早報廢時，何不想想怎麼去保養自己的身體，避免身體過早「報廢」呢？

身體其實比精神更容易滿足，吃頓好飯、做場運動、睡個好覺，有時候做做按摩、足療，我們的身體就能快樂起來。一個快樂的身體，能夠讓我們更有活力、更加靈敏，我們的工作也就更有效率，生活也會更加安逸。想要一段愉悅的人生，其實並不是一件複雜的事情。

第 04 章
心 —— 心智時間管理

天天學習，時時向上

在年輕時期，應該把較多的時間分配到心智提升方面，包括提升知識的儲備，智商、情商、逆商的鍛鍊和提升，世界觀、人生觀、價值觀的塑造等，很多成功人士大多在心智方面勝人一籌。我個人認為，除健康投資以外，在時間及金錢上投資最大、最值得的就是心智方面的投入。

在學生時代，「努力讀書」是被要求謹記的座右銘，學生的大部分時間都投入到了課業上。走進社會，人們利用充足的時間來讀書就很難做到了，但終生學習的時代已經來臨，所以大家應該學會利用碎片時間來學習。用零碎的時間來做時間優先矩陣裡的 B 類事情。

身體的健康往往在於我們日常的關注，怎麼吃、怎麼喝、怎麼運動，怎麼預防、怎麼治療，都融入到了日常生活的點點滴滴之中。心智管理同樣如此，我們並不需要特意空出兩個小時的時間去學習，而要學會利用好每天的「碎片時間」，將學習作為生活的常態，而非當作一種任務。

終生學習的理念，越來越得到全世界的認同。什麼是終生學習？就是在一生之中不斷地進行學習，也就是「活到老、學到老」。社會發展的核心始終在於人，每個人都在為社會前進提供動力。

對於許多人而言，學習其實是相當被動的，學習中似乎總有那麼多的迫不得已，小時候被家裡人逼著去上學，長大了出於生存發展的需要學習 ...... 如果沒有這些外部環境的壓力，我們還會不會學習呢？這個答案只有自己清楚。但有一點卻是不變的，就是正因為不斷地被迫學習，生活品質才得以提升，人生尊嚴、生命價值才得以實現。學習是無法規避的選擇，也是在社會生存的最佳選擇。人是社會發展的主體，所以，人就應該成為學習活動的主體。

人在踏入社會之後，隨著認知的上升、情感的發展，擁有了比兒童和青少年更強的自我導向學習能力，大多數人都開始知道如何針對自己現有的狀況去設定下一階段的學習目標，並尋找適合自己需要的內容和途徑。家長監督、老師考核也成為過去，十幾年的學習生涯之後，早已懂得如何去進行自我調整和評價，也只有這樣，才能成為學習的主人，實現最佳的學習效果。

每個人的一生都處於一個發展的過程，而在這幾十年的時間裡，人們總是在自覺或不自覺地學習著，雖然有時完全是無意識的行為，但知識的獲得卻是必然的。自從電腦和網際網路出現以來，人類社會的發展速度明顯增快，在這樣一個時代，稍有停留就會被時代的列車拋棄。

小莉的父母如今已經退休在家，每當她回家時，他們都有大量的難題等著她去解決。買給父母的智慧型手機，在他們看來，還不如傳統型手機來得方便；甚至是洗衣機、電視機，他們都越來越覺得用起來不那麼順手。小莉也經常想要教他們怎麼用，但他們卻只是說：「妳弄好放那裡就行了。」當她抱怨他們不願意學習時，他們的回應通常也都是：「都這把年紀了，ABC 都不認識，學什麼？妳會就行了。」

資訊科技將人類社會引入了一個全新的時代，明明 2010 年左右還是按鍵式手機，如今觸控式螢幕的智慧型手機已經成為主流。這個時代的學習，已經不再是抱著書本、與人交談就能實現的了，要想跟上時代的腳步，就要學會什麼叫網路學習。

電腦和網際網路讓時間、空間都不再成為距離。在網際網路中，幾乎可以找到自己需要的所有資訊，「秀才不出門，能知天下事」終於成為可能。我們只需要敲幾下鍵盤，點幾下滑鼠，就能得到豐富的學習資源，而且突破了時空限制，自主學習或請教他人，學習效率因此得到提升。

有時在與人交談時，會發現有的人可能會了解並熟知一些看似不是他必須知道的知識和資訊。例如，明明是做會計，卻能熟練地解決電腦的各種「疑難雜症」；明明是每天忙於文字工作的作者，卻能對全國、乃至全球的風景名勝如數家珍……這就是知識面寬廣、愛好鑽研和跨界學習的結果。人是一種社會動物，在這個發展迅速的社會裡，總是會遇到各種的新鮮事物，而要生存在這樣一個時代，就不可能只懂得「吃、喝、拉、撒」，只了解自己的行業資訊。人們要依靠各種生存技能過活，要憑藉專業知識賺錢，但對於生活而言，這些卻遠遠不夠。每個人的身邊都會有各行各業的專業人才，但是，難道遇到電腦當機、程式安裝這樣的問題，都要去找個專業的人來處理？難道社交圈就只能局限於同行之間，到了外界就一片茫然？

即使是從功利一些的角度來看，雖然你學的是物流管理，但如果你還懂得專案管理、財務管理的基礎知識的話，是否會有更多的就業機會、更長遠的發展前景呢？你做的是電子商務，但你能夠把大數據玩得手到擒來，你的網站在眾多競爭者中是否能夠脫穎而出呢？你創辦了一家零售企業，但你對於供應鏈管理有所專精，是否能讓整個產業鏈都成為自己的利潤土壤呢？而這就是跨界學習的魅力所在！

有了電腦和網際網路，時空界限就失去了作用，每個人都能得到一切所需要的資訊，就能極大地提高自身的學習效率。而有了這個前提，跨行業、跨領域、跨文化的學習都將成為可能，一切都只在於你自己的意願。

當然，學習要有意願，也要有方法。跨界學習，更多的是為了從「邊界」以外的領域汲取知識，以無邊界的學習獲得啟發，找到可以「為我所用」的資訊。而不是東施效顰，「無論是否適合自己，學了再說。」有些人看到別人的某個成功之處，就不管其他，學了再說，認為總有用到的時候。但最後卻淹沒於腦海之中，白白浪費了時間與精力。對於別人的成功，我們要欣賞和讚揚，如果真的適用於自己，我們則要虛心求教，切記不能盲目模仿！

生活在這個複雜的世上，有那麼多的事情要處理，有那麼的知識要學習，可我們哪有那麼多的時間呢？有這麼一句俗話：「時間就像是海綿，擠擠還是有的。」隨身攜帶的手機，如今已經成為行動終端，有了它就能隨時隨地地學習。但是在捷運裡、公車站，很多人卻是拿著手機看小說、看電視劇、玩遊戲，這些對於生活而言，只是一項娛樂、消遣，對於人生的發展沒有多大的意義。

很多人經常會抱怨，每天有大量的時間浪費在了上下班的路上，可這些時間卻是進行「無所不在學習」的最好時機。所謂無所不在學習，就是時時刻刻地溝通、無處不在地學習，是一種任何人可以在任何地方、任何時刻獲取所需的任何資訊的學習方式。而智慧化的今天，讓無所不在學習成為可能，能否進行有效的無所不在學習，就在於我們有多高的自我導向學習能力。

學習不僅僅是上課看書，行走職場、與人溝通、察言觀色都是無所不在學習的大好機會，不要錯過而要用心，用心就能學到知識。資訊時代提供了那麼多的科技方法，讓人們可以隨時隨地地接觸世界，只要尊崇天天學習的理念，就會獲得隨時進步的可能。

學習猶如知識進補

「知識改變命運」是人們常談的一句話。很多人將出身、運氣當作自己的命運，將命運看作「天命」而不可改變。宿命論從古至今都有著極為廣闊的市場，因為它認為一切都是注定的，我們接受了宿命論，就可以理所當然地懈怠、消沉。但人的一生從來都不是注定的，知識能夠改變命運，而學習就猶如知識進補！

我一直在提倡大家學習，鼓勵大家汲取各種知識，並不只是出於功利的原因。不是所有人擁有知識就能改變命運，但無法否認的是，如果沒有知識命運很難改變，生活也會寸步難行。知識就是力量，這種力量並不展現在征服他人，而在於征服自己。

拿破崙曾說過：「真正的征服，唯一不使人遺憾的征服，就是對無知的征服。」知識改變命運，其實改變的是我們的思想和人格。我們的思想如何、人格怎樣，其實都是以我們所擁有的知識決定的。

「龍生龍，鳳生鳳，老鼠的兒子會打洞」，並不是說家庭背景決定人生路程，而是因為家庭環境決定了啟蒙階段受到的教育，決定了所能取得的知識，決定了思想、人格的內涵。在過去，這是宿命論的有力論點，但在今天，一切又都不一樣了。人的思想、人格在 20 歲左右穩定下來，而這時候正是大多數人在大學進修或在社會摸爬滾打的時候。到了 18 歲，我們就完全擁有了自我導向的能力，用怎樣的知識去充實自己的思想、完善自己的人格，完全在於自己！

「知識改變命運，讀書成就未來。」這是每個人走向成功的必經之路。即使有些人因為家庭環境的原因，能夠更輕易地獲得成功，但沒有相應的知識作為後盾，也是行不通的。隨著大數據時代的到來，知識將發揮前所未有的效用，這也是學習的重要性所在。

知識是珍貴的財富，它視之無形、聽之無聲，不能吃也不能喝，但每個人卻都無時無刻不在運用著知識，每個人的生存、生活都有賴於此。而學習正是開啟知識大門的鑰匙，透過網路學習、跨界學習、無所不在學習都能夠學習知識、汲取知識，並提煉知識為自己所用。命運的道路需要知識來照亮，思想的充實、人格的完善，更需要理解什麼叫做「學海無涯」！

現在的碩博士生越來越多，文憑其實只是對於學習生涯成果的一個驗證，而不是作為人才的憑證。文憑越來越被功利化，成為進入社會時提升自我附加價值的工具。事實上高等教育最重要的作用在於接觸知識、學會方法、樹立人格。

人類社會早已度過了商品經濟時代而進入了知識經濟時代。誰能夠掌握知識，誰就能夠掌控自己的命運，而不用處處受制於人。過去人們很難想像，「隨便」發明出的一些小東西，能夠有些什麼作用。但在如今，那些創意性的發明卻能夠憑藉專利權給人帶來那麼多的收穫！很多人曾經不敢想像，因為他們沒有發明創造的思想；有些人曾經只能混沌度日，因為他們缺乏創新思維的人格。但在這個知識能夠迅速「變現」的時代，誰還能對知識不屑一顧呢？

學習就像是知識進補，補充了什麼，最後就會產出什麼。如果只是將電視劇、遊戲、小說作為知識的載體，一生也就只能平平淡淡、渾渾噩噩地度過。從來沒有哪個成功者會對某個「韓星」的星座、愛好有所了解；也從來沒看到哪個商業大亨在事業成功的同時，成為某款遊戲的「王者」；更沒有看到哪個學術研究者，將小說作為自己的日常消遣。

如果真的有人「看破了紅塵」，願意每日為了菜價漲了幾塊而煩心，那麼，那些所謂的「知識」對他們來說就是有用的，因為它們能夠為自己「慘澹」的物質生活，添上些許有趣的精神享受。然而，大概沒有幾個人希望一生都被柴米油鹽這些瑣事所束縛吧！那麼，就放下那些電視劇、遊戲、小說，去學習一些經濟、科學和其他有所效益的知識吧！

教育投資報酬高

賺錢需要智慧，花錢同樣是一種學問。可是，投資並不只是買基金、買股票、買保險，學習也是一種投資，而且，教育投資的報酬率也著實驚人。

從前有個窮人，生活一直窮困潦倒，每天飢一頓飽一頓地過活。對於他來說，富人的生活當然是值得羨慕的。有一天，他來到了一個富人面前說道：「尊敬的先生，我願意為你工作 3 年，隨便你讓我做什麼，不需要給我一分錢，只要給我吃給我住就好！」富人對於這樣廉價的勞動力自然不會拒絕，於是答應了下來。

3 年過去了，窮人毅然離開了富人。對於失去這麼便宜、好用的勞工，富人自然感到不捨，但也隨他而去了。又過去了 10 年，鎮上突然來了個富豪，富人前去一見，竟是當初那個「免費」的勞工！富人那點資產，在他面前，卻已經顯得不值一提……

於是富人來到昔日的窮人面前，問：「我給你 50 萬，你能告訴我，你的致富經驗究竟是什麼嗎？」窮人卻驚訝地回答道：「尊敬的先生，我之所以能夠成功，正是在你那學習了 3 年啊！怎麼如今你還要買我的成功經驗呢？」

其實，如果說富人有什麼需要向窮人學習的地方，那就在於學習的智慧！富人能夠成為富人，他無疑是懂得經營時間的人。然而，人總是容易懈怠，容易滿足，容易對自己寬容。窮人卻不同，沒有知識，他就向富人學習知識；有了知識，他就將之發揚光大；窮困的過去，讓他無法停下前進、學習的腳步。

如今，很多東西都會貶值：貨幣會貶值，文憑會貶值，房子會貶值，黃金白銀也會貶值。那些看似可以保值、升值的東西，卻都有貶值的風險。然而，知識不會貶值，智慧不會貶值，時間也不會貶值。學習是世上最占便宜的事情了，只需要幾個小時的時間，我們就能輕易地檢視某個領域的概況；只需要花上幾天的時間，我們就能獲得別人究其一生得到的經驗；只需要堅持上幾年，我們學習累積的知識就能轉化為別人苦苦追求的財富。

很多人剛走出大學步入社會時，都會感到迷茫、感到困惑 —— 「我在大學究竟學了些什麼？明明是個大學生，為什麼什麼都不會？」小成同樣在抱怨：

「大學實在是讓人墮落的地方，4 年的時間，卻沒有給我需要的一切！」但在不斷的工作中，他終於學會不斷地學習。他明白，自己已經錯過了學習的最好時機，大學 4 年的時間，本該是自己規劃人生、汲取知識的時間，但自己卻用在了「自以為是」上。每天 8 小時的工作，讓他疲憊不已，確實，新員工可以說是企業中最心酸的階層，做的事情最繁雜、得到的薪水卻最少！

「我要擺脫這種困境，」小成告訴自己，「絕對不能像其他新員工那樣，要求的才做，提到的打折做，沒說的就不做。」他也不願意跟在主管的屁股後面，早早地學會被稱為「處事圓滑」的拍馬屁。他只是聽從指揮，主管讓他做什麼，他就做什麼，只有這樣，才能最快地學會工作的基礎技能。然後，他開始關注那些前輩，那些沉浸於工作的前輩，也正是他們，讓小成看到了提升工作效率的蹊徑。

於是，小成做得比別人都要快、都要好，主管開始注意到這樣一個新員工。他開始培養小成。小成知道自己需要什麼、想要成為什麼樣的人，而他要做的，就只是每天抽出幾個小時，買幾本書、點選幾個網頁，參加一些培訓課。最終，他得到了所需要的知識，也實現了自己的人生目標！

很多人問小成累不累，「當然累！」但他很快樂，「我用自己有限的時間和金錢，實現了我所期望的一切，我很滿足！我也希望可以像別人一樣，出身權貴，一家跨國企業等著我繼承、十幾間房子等著我打理；我也希望可以買上一張樂透，就那麼不小心地中到了 500 萬，揮霍一空，竟然又中了 1,000 萬；每個人都會希望，天上有一個大大的禮物，掉在自己的面前！」

大多數人其實就是那麼平凡，是幾十億人中的普通一個。也許很多人窮盡一生，認識自己的都只有幾千人，也許我們彌留之際，還在身邊的只有區區十幾人。但我們有幾十年的時間，我們可以盡情揮灑汗水，知道想知道的一切，享受能享受的所有！

確實，在很多人的人生中，有太多的苦惱，太多的遺憾，也有那麼多的牢騷和幻想，然而，沉浸於此，他們只能渾渾噩噩地度過一生。我常常會問我的學生們：「人與人之間最大的區別在哪？在脖子以上還是以下？」得到的答案出乎意外的一致——脖子以上！

很多人都懂得，知識就是力量，知識充實思想、完善人格，學習知識才能改變人生。但卻有太多的人，把金錢和時間耗費在了脖子以下，有些人願意花費幾千塊在一頓飯局，願意用一個月的薪水買一套衣服，願意透支未來的收入買一支手機；可他們卻不願意花錢去參加一次培訓，不願意用幾百塊錢買一本書，甚至不願意用少許的網路費去尋找知識。

每個人都想賺錢來享受人生！可是錢是什麼？錢是人們思想

充實、人格完善、能力提升的附加產物。每個人都有賺錢的想法，但很多人的時間和精力卻浪費在了所謂的享受之上！很多人把投資教育視為浪費，信奉「讀書無用」的謬論。但是，不讀書無以開視野，不學習無以論天下！

哈利·杜魯門（Harry Truman）說過：「不是每一個熱愛學習的人都能夠成為領袖，而每一位傑出的領袖必是熱愛學習的人，學習是每一位領袖的必修課。」杜魯門是美國 20 世紀唯一沒有讀過大學的總統，但這並沒有妨礙他成為美國發展史上的重要一員，因為他比別人更懂得學習的重要性。

一個人想要成功，不怕家境不好、不怕學歷不高、不怕路途不順，只怕學習太少！學習和教育是世上成本最低、報酬最高的長期投資專案。

T 型人才受歡迎

「21 世紀，人才最重要」這早已成為社會的共識。要成為人才，就要不斷的學習，將有限的時間和金錢投入到教育之中，以此來獲得未來無限的可能。可究竟應成為什麼類型的人才？可以是經商人才，可以是從政人才，也可以是創意人才……但最受歡迎的，無疑是 T 型人才！

T 型人才並不是指讓人類社會日新月異的「Technology（技術）」型人才，而是另一類 T 型人才在各行各業都是最「吃香」的，因為他們的知識結構是最「完美」的。「T」是一種圖解，它形象地展示了這種新型人才類型的知識結構特點——「—」代表知識面廣博，而「｜」表示知識的深度。

其實，T 型人才正是跨界學習的產物。很多人追求一種「博而不精」的狀態，他們認為，「無論是什麼，我都了解，我都能說上一些，我就能受到各界人士的喜愛」。融入社交圈、拓展生存技能，無疑是好的，但我們想要取得更長遠的發展，就不能只廣博而無專精。縱向的專業知識，正能彌補這一缺陷。

T 型的知識結構被稱為「完美」的結構類型，正在於其剛柔並濟，既有較高的效能性和進攻性，也有較強的適應性、較多的獨特性。T 型人才的成就，向來比其他知識結構類型的人才更為耀眼。

諾貝爾化學獎得主米格爾，窮其一生獲得了 15 個名譽博士學位。粒子物理、表面化學等新學科，正是其首度創立的！身為 T 型人才的代表，米格爾直到古稀之年，仍然為世界科學的發展貢獻著自己的智慧。

而同時代的另一位技術人才——科貝爾卻沒能取得這樣的成就。他是歐洲中子技術中心的副所長，雖然專業知識雄厚，卻沒有必需的管理能力和 T 型特質，他的研究所也常年產能有限。直到巴黎大學的一位聲學教授接替了他的位置，這所研究所才能夠躋身世界科學前列。這位年僅 39 歲的聲學教授，同時也有著強悍的「交叉型」特質和「巨大的統籌才能」。

人類社會幾千年的發展歷程早已證明：那些往往被大多數人忽視的小細節，卻會發展成致命的導火線！「千里之堤，潰於蟻穴。」很多科學研究都因為那些表面上微不足道的情況，陷入僵局。而一些交叉型方式的交往，卻往往會堵上這個小小的蟻穴。有時候，可能就是某個外行的某句話，讓科學研究避免走向毀滅性的失敗。

這就是廣博與專精的交叉，就是 T 型人才的魅力！事實上，往常除了那些規模比較大、部門比較多的企業之外，很少有企業需要「單一型」知識結構的人才。對於那些中小企業而言，因為企業規模比較小，就可能出現各式各樣的問題，較少而分工相對較粗劣的職能部門，這些企業就需要能夠處理各種問題的專業人才。所以，T 型人才更受中小企業的歡迎，因為中小企業沒有資金去聘請那麼多的單一型人才，而這種人才成本的投入也無法為企業帶來更多的經濟效益。這就好像我們想要在社群平臺上發布一張手繪圖片，卻不會去買幾萬塊的手繪板，也不會去聘請專業的繪圖人才，一則沒錢，二則沒必要！

但時代發展至今，即使是大企業也希望能夠從固定的人力成本之中，挖掘出更大的效益。IBM 技術創新全球副總裁就曾說過：「當前的全球資訊科技已經進入新的紀元，以大數據為基礎，包括雲端運算、智慧商務等新技術在內的廣泛應用，會成為未來『智慧的成長』的關鍵動力，而『培養和重塑新人才』，是成就『智慧的成長』的要素之一。」對於 IBM 來說，最需要的就是 T 型人才。這一點，無論是從其內部激勵，還是外部應徵，或者與學校聯合培養人才的過程中，都展現得淋漓盡致！

很多人時常會抱怨：「工作實在太苦了，自己就是個會計，老闆連活動企劃、接待前臺的工作都讓我做。」首先，要理解老闆的處境，對於中小型企業而言，為了難得一次的活動企劃和沒實際作用的接待前臺，耗費自己有限的流動資金實在是沒有必要。而身為員工，這樣的機遇對於自己的發展而言，難道不是一次難得的鍛鍊機會嗎？

一位企業家就曾經分享過這樣一個經歷。「去年我面試過一個女孩子，她本身是學新聞的，在幾家有名的出版社實習過，資歷不錯，英語能力很強，而且本身又喜歡藝術攝影，可以算個通才了。進入我們公司之後，一開始做的是圖書編輯，這個職位人數多，而且可替代性很強。後來這位女生憑藉自己對構圖和美學的研究，轉職做封面設計。雖然她大學時期並沒做過這個，但她卻做得非常好，參與設計的幾本書不但銷量甚佳，在業內的口碑也不錯。」

其實，在談到職業規劃時，我們常常會建議應屆畢業生不要直接進入那些大公司。大公司的門檻較高，屢次碰壁很容易打擊我們初入社會的那種工作熱情；即使有些優秀的人才有幸進入大公司，但大公司明確的部門分工，也讓他們很難學到更多的東西；在穩定的組織架構下，晉升也將變得更困難。而在中小企業則更能夠獲得足夠的鍛鍊機會，處於成長期的企業則能夠提供更多的晉升機會，在將自己鍛鍊成一個 T 型人才後，可以再跳槽到大企業，得到更長遠的發展。

每個人的價值都是由自己決定的，無論自己的期望在於成為一個專業型或是管理型的人才，還是成為企業中的「多面手」，都需要努力將自己塑造成為 T 型人才。很多人認為，成為 T 型人才只是一個遙遠的目標，一個教科書描繪的美夢。當問及他們為何如此認為時，他們會肯定地說：「人怎麼可能有那麼多時間去學習！」

其實，只要我們少看些電視、少滑社群軟體、少在網路上閒逛，就不會沒有時間，也不是沒有可能成為 T 型人才。成為一個 T 型人才沒有那麼難，在人生發展之中，每個人都早已走在成為 T 型人才的道路上。從學生時期開始，就不可能真正專心於學業，要會讀書，也要會騎車、會游泳、會洗衣做飯。開始工作之後，也不會一心撲在自己的本職工作上，有時會成為司機，有時會成為接待，有時甚至會扮演主管的角色。

「—」型人才是通才，什麼都懂一點，卻什麼都不精；「｜」型人才是專才，只是在某個領域鑽得很深。在知識經濟時代，不能只做通才或專才，而要最終成長為通才與專才相結合的 T 型人才！

與自己的心靈對話

大家都知道與別人溝通的重要性，其實溝通有兩種，一種是人與外界溝通，一種是與自己溝通。能與自己很好地溝通的人，更能提升自身的情智。所以，職場人一定要花時間，專門來進行自己與心靈的交流。這雖不緊迫，但非常之重要！

在人生的旅途之中，到處有風景，時刻有誘惑。生活的苦悶、工作的壓力卻一直逼迫我們不斷前行，沒有時間停下來駐足欣賞。可是，生活總有些迷茫，工作也有不順，當我們感覺到迷失了方向時，不妨停下來，與自己的心靈對話 —— 在自言自語中，自我激勵；在自問自答中，自我反省。

從哪裡來、到哪裡去、從哪裡開始、到哪裡結束，靜下來與心靈對話時，不必去考慮這些問題。你要做的只是在屬於自己的空間裡，進行一些心靈思考，在一個人的世界裡，排除外界的干擾，調整情緒。

可是，不知道從什麼時候開始，與自己的心靈對話，成為一種奢侈的體驗。很多人每天都在忙碌著工作，與同事對話、與老闆對話、與客戶對話，就是沒有時間與自己的心靈對話；有些人每天都在應付著生活，為了成為一個好父親、好丈夫、好兒子，卻沒有時間去應付自己疲乏的心靈！

時間！很多人總是沒有時間。一天 24 個小時，有些人恨不得當作 48 個小時來用。從踏入社會、建立家庭開始，對於很多人來說，連「思考自己的需要、反思自己的狀態、憧憬自己的夢想……」都成了對時間的浪費。很多人會懷念青春年少時，那時的自己，堅強地對待人生，樂觀地看待事業，無畏地走自己的路。可是，現在的自己究竟是怎麼了？為什麼就不能給自己的心靈一點點時間，反思一下自己的心理狀態，讓自己更好地面對未來的人生呢？

很多人時常會感到孤獨，明明有著自己的追求，卻時常莫名地走上了一條完全偏離的道路。於是，他們很少說話、少有熱情，也不去主動寒暄。他們不願刻意地去做任何事，還將之看作是自己的「率真」。卻不知道，正是這種「率真」讓自己孤獨。

還有人會埋怨朋友的不理解、同事的不配合、伴侶的不安慰，然後，將自己蜷縮在自己的空間裡，將自己鎖在孤獨的抽屜裡。可是，如果多一些主動、多一些融入，學會在主動融入中感受快樂、感受人生，那麼他們就會發現，朋友還是朋友、同事也是隊友、愛人真的愛自己……

有些人時常會感到壓抑，工作、生活總是壓得自己喘不過氣來。說到底，壓抑是源於過度地自我克制。因為公司的規定，人們只能按部就班地工作；因為家庭的束縛，人們不能隨心所欲地過活；因為金錢、因為時間，人們必須要抑制自己的欲望，即使被壓抑得喘不過氣，也只能苟延殘喘。

身為一名成年人，每個人需要對人生負責，面對朋友的真情、公司的規定、家庭的幸福，必須要抑制自己的需求。然而，人們必須有自己的準則和底線，一味地退步，只能讓自己的心靈不堪重負。有時候，可以為了海闊天空而退步，也可以為了風平浪靜而忍耐，但「忍無可忍，則無需再忍」！

還有人甚至會開始討厭自己，討厭自己的怯懦，討厭自己的不作為，討厭自己的衝動……人們常說：「做事要經過大腦，說話前先想一想。」但人生畢竟不是什麼都可以事先想清楚的，如果做什麼都要先「三思」，人生也未免太苦悶了。

其實，人生又怎能讓自己如願呢？人生不如意事，十常八九。很多人會做錯或做得不好，也有人會因此被嘲笑、被厭惡，甚至走向失敗。但這就是人生，在自我反思中改善自己，走向成功。對於自己的本心，也不必失守，堅持本心是人生最難得的快樂。

與自己的心靈對話吧！孤獨、壓抑、討厭……不要讓這些情緒占據我們的內心，我們渴望進步，我們都會喜歡那個樂觀、積極、自由的自己，那麼，在自己心靈的空間裡暢遊吧，去找回那個自己喜歡的自己！

法國大文豪雨果曾經說過：「人生是由一連串無聊的符號組成。」人們不能奢望自己的人生總是那樣的精采，我們要工作、要生活、要學習，這些不可能都讓我們感到有趣。工作的繁重、生活的瑣事、學習的壓力都會讓我們陷入各種負面情緒中無法自拔。

其實，人生不就是這樣嗎？每個人的大部分時光，都是那樣的平凡、普通、無聊，而那些熱情、快樂的時光，往往一閃而過，人們可以回味，但想要再擁有，就必須讓自己開始奮鬥。沒有人是必須圍著你轉，給你熱情，讓你快樂的。如果說真有那麼一個人的話，也只能是你自己！

人們總是抱怨「知音難求」，但我們最好的知音，不正是我們自己嗎？在這個世界上，在我們的人生裡，我們很難再找到一個比自己更了解自己的人，也無法確保其他人能夠為自己保守那些小祕密，更不能期待哪個人可以一直陪在自己的身邊激勵自己。當我們感到苦悶、無聊時，與其對別人翹首以待，不如讓自己的思緒退入到靈魂中去，暢談自己的煩惱，聆聽心靈的聲音……

「自己把自己說服，是一種理智的勝利；自己被自己感動了，是一種心靈的昇華；自己把自己征服了，是一種人生的成熟。」如果我們能夠說服、感動、征服自己，那麼又何須再苦求別人的安慰呢？

在自己的心靈空間裡，我們可以肆無忌憚地放縱自己，可以毫無保留地表現自己，也可以一點點地修復受傷的心靈，或者徹底剖析自己……人生最重要的學習方式是自我導向，最可貴的激勵方式就是自我激勵。

人生旅途有太多的煩惱，也有那麼多的風景，彈簧拉得太緊就會斷掉。我們為何不讓自己休息一下，停下來，欣賞一下風景，在自己的心靈避風港裡享受片刻的安寧，把工作的壓力、生活的煩惱都拋諸雲外，讓自己的本心指導自己快樂前行呢？

第 05 章
樂 —— 休閒時間管理

列出你的休閒清單

人有喜怒哀樂，人生會有快樂和煩悶，沒有休閒樂趣的生活是不完整的。永不放鬆的彈簧會綳斷，一直奮鬥的人生同樣如此。時間管理並不是將 24 個小時平均分攤到工作、讀書、睡覺之中，還應有休閒。我們需要健康的身體，也需要積極的心態。

很多人總是抱怨這個物欲横流的社會讓自己疲於奔命，但他們也要承認，這個物質充足的年代讓人們有太多的方式去休閒、去放鬆。聽歌、看電影，看書、逛逛街，去旅遊、去社交……享受人生並不用等到自己七老八十，也不是放縱自己，而是在每天的工作、生活中，找到最適合自己的休閒方式。

休閒並不是浪費時間，事實上，如果去研究那些有所成就的人的生活方式，就不難發現，休閒對於人生成功而言是多麼的重要。當發現工作、生活品質下降，「拖延症」的問題越發嚴重時，不妨給自己列出一張休閒清單。對於休閒的投入是必需的也是有益的，它能夠給我們重新充電，也能為我們的人生帶來全新的動力、創造力和活力。

不能讓工作剝奪我們享受生活的樂趣，也不能讓生活掩蓋那些美好的事物，只有懂得休閒的人，才能在面對生活負擔、工作壓力時，顯得更加從容。走在人生的高速公路上時，很多人總會拒絕休閒，擔心它會「控制」自己的生活。但換個角度來看，如果能夠在休閒充分的同時，安排好自己的工作和生活，不讓休閒打擾自己前進，就能在人生的高速公路上獲得自己的驛站，在短暫的歇息和加油後，繼續踏上征程。

對於時間管理而言，休閒與工作、學習其實是在一個良性循環之中的。有張有弛的人生，才能讓自己的生活更有品質、工作更具創造性。設計出一張自己的休閒清單，就能更加輕鬆地投入到需要專注和高成效的工作、學習中，因為只有這樣，才能夠感受到生活的自由感，而不是被人生逼迫著向前。

完成了一個階段的工作或學習之後，很多人就會得到強烈的自我控制感，這時解決問題的能力和信心也會得到增強。在這種全方位的心靈提升中，享受休閒樂趣的能力也會增強，他們會興奮地發現，自己從工作、學習中「賺到了」時間，可以毫無負擔地將這些時間用於休閒，用於與親朋好友們一起享受生活。

在感受到休閒的樂趣之後，也會了解到高品質學習、工作的效益。於是，即使是在休閒之中，各種創意會迸發而出，從而實現自我突破。有了這種創意，很多人會急不可耐地將之運用到工作、學習中去，以此驗證自己的思路是否正確。這時，他們就會驚訝地發現，休閒並沒有讓自己沉淪於享受，相反，工作、學習動力反而提高了。而當真正投入到工作、學習後，高成效、優質的狀態更會讓自己欣喜不已。這樣的良性循環，正是「休閒」的真正意義所在，「工作」與「休閒」得到了「雙贏」。

強調休閒的重要性，並不是否定工作、學習的重要性。在傳統意義上，很多人將工作、學習與休閒區別開來，甚至將其放在相互對立的位置。很多人習慣地將工作、學習視作某種被迫的人生過程，可能是家人的叮囑或是金錢的壓力，工作、學習常常顯得被動。但工作、學習其實是一種忠誠的使命感，從中集聚力量，就能實現內心的和諧，也能給自己決心和動力朝著既定的方向不斷前進。

當處於這種奮發前進的過程中時，休閒活動常常被很多人認為是浪費時間，會讓自己感到愧疚而遠遠躲開。其實，他們之所以有這樣的感受，完全是因為他們的工作、學習效率不高，一個小時可以完成的任務，他們需要花費上兩個小時，這種情況下，不要說休閒了，多睡兩個小時對於他們來說可能都是「有罪」的。即使是在休閒中，他們也會顯得心不在焉，會擔心下一階段的工作、學習沒有充足的時間去完成。「工作與休閒」在效率低下的人面前，意外地演變成了「雙輸」。

在風和日麗的一天，一位富翁來到海邊休閒，他看到一個漁夫在沙灘上悠閒地晒著太陽，就走過去對漁夫說：「你在這裡晒太陽浪費時間，為什麼不去捕魚呢？」

漁夫說：「我今天心情好，不想去捕魚，只想晒晒太陽。」

富翁說：「我來告訴你吧！知道為什麼你是漁夫，而我是富翁嗎？」

漁夫說：「說說看。」

富翁說：「如果你每天能夠多花些時間，捕更多的魚，就能賺到更多的錢，然後你就可以再僱幾個幫手，你的產量和利潤都會繼續增加。」

「那之後呢？」漁夫問。

「之後你可以買條更大的船，就可以補更多的魚，賺更多的錢。」

「再之後呢？」

「再買幾條大船，然後開一家捕魚公司，還可以投資一家水產品加工廠。」

「然後呢？」

「然後公司上市之後，你就可以賺來更多的錢，再用這些錢去做投資，這樣你就和我一樣，成為億萬富翁了。」

「成為億萬富翁之後呢？」

富翁想了想說：「成為億萬富翁，你就可以像我一樣，沒事的時候就到海濱度假，晒晒太陽，釣釣魚，享受日光浴了。」

漁夫哈哈大笑說：「我現在不就在晒晒太陽，釣釣魚，享受日光浴嗎？」

其實，休閒從來就不是富人的專利，並不是只有實現人生目標的人，才能夠停下奮鬥的腳步，享受休閒的時光。每個人根據自身的條件，忙裡偷閒也可以去「晒晒太陽」。

沒有休閒時光的人生是不值得的。人們往往認為休閒娛樂接近於玩物喪志、腐敗墮落，只有學習和工作才有價值，才是職場正能量。殊不知，追求快樂是人類的本能，甚至是努力學習和工作之後，所要獲取的目標。

健身與休閒可結合

休閒的形式其實有很多，很多人會選擇一些娛樂活動作為休閒，如與朋友一起聊聊天、看場電影、吃頓飯或是自己聽著音樂讀本書。對於平時工作量大、課業壓力重的人來說，如果能夠歇下來享受一下安靜的人生，這確實是不錯的體驗。但如果能夠從健身中發現休閒的樂趣，也可以實現一舉兩得的喜悅！

健身與休閒是可以結合的，事實上，很多人都將健身作為一種休閒方式，而樂於其中。打一場籃球，在激烈的對抗中宣洩工作的苦悶；游一下午泳，在水波的蕩漾裡遠離生活的嘈雜；聽著音樂跑跑步，讓身體內的毒素隨著汗水排出體外，讓心靈的煩擾在深呼吸中消失無蹤……

「我太想鍛鍊身體了，可是哪有那麼多時間，難得有點休息的時間，我也懶得再去運動了，恨不得躺著睡一天才好。」說到將健身作為休閒方式，很多人都會發出這樣的怨言。殊不知，健身休閒相結合，從來不是「有時間」人的特權！

美國前總統歐巴馬一直都在堅持鍛鍊，他每週至少有 6 天會進行鍛鍊，而每次鍛鍊都在 45 分鐘左右。歐巴馬身為美國總統，相信不會有比他還忙、還累的人了。可是他每天早上起床的第一件事，就是去健身房進行健身。正因為這樣，歐巴馬也是各國首腦中，難得地勇於在公眾面前赤裸上身、秀出健壯身體的人。有人會說：「他是一國總統，他進行健身是必須的，沒有健康的身體，別說他自己了，就連國會、美國人民都不同意，他哪能算是休閒？」

說到忙，說到累，身為普通老百姓，很多人都不如他，可一說到健身，很多人卻似乎很忙、很累。對於每個人的身體健康而言，健身是必須的，作為一種休閒方式，健身有著其他休閒方式所無法媲美的優勢。

健身其實是一項非常有趣的活動。很多人在鍥而不捨地投入到運動中去時就會發現，雖然汗流浹背讓他們氣喘吁吁，但在那之後，他們的身心都得到了極大的放鬆。很多人對於健身有著很強的目的性，保持身體健康、塑造完美身材、降低「三高指數」……似乎如果健身沒有這些作用，大家就不會去做運動，更不要說將健身作為休閒方式了。

有些人常常會疑惑，為什麼越忙的人反而越有時間去健身呢？其實，並不是他們有那麼多的「無用時間」。要知道，無論一個人堅持不懈地做什麼事，其必然的一個原因都是他發現了其中的樂趣。如果問那些人：「健身的樂趣究竟在哪裡？」他們猜想也無法明確地回答，「流點汗舒服」、「和人一起聊聊天挺開心的」、「聽著音樂做做運動很安逸」……每個人都從健身中找到不同的樂趣，但相同的是，對於熱愛健身的人來說，健身的休閒作用毋庸置疑。

要將健身作為一種樂趣，不妨在健身中增添一些音樂。做有氧運動時，如跑步或用健身房的器材健身時，聽一些音樂，尤其是一些節奏感強的音樂，就能感到一種身心協調的愉悅。戴著耳機，輾轉於各種器械之間或繞著操場奔跑，盡情地享受音樂的美好，就不會感到運動的沉悶。有些專家還會推薦人們在健身時聽書，或騎腳踏車、走路時看風景，這些都是將休閒融入健身的有效方法。

對於很多人而言，健身房其實是很煩悶的場所，大家都在做著自己的運動，有時甚至想用的器械也會被人占用，更何況健身房費也是一筆不小的支出。這時候，就不必將自己的健身局限於健身房之中。嘗試一些戶外鍛鍊，與相熟的人打打羽球，約上三五好友去籃球場進行一次對抗，與朋友相處的樂趣會在各種運動中得到昇華。對於社交而言，這種團隊運動也可能產生意料之外的效果。如果厭煩了人群的喧鬧，也能回到自己的家中，跟隨著影片、聽著輕音樂，做一次瑜伽；在自己的跑步機上，跑上一兩個小時；或只是做做仰臥起坐、伏地挺身，舉幾組啞鈴……

堅持對於很多人來說都很難，健身也同樣如此。即使一開始能夠感受到健身的樂趣，但長此以往，也會感到累、感到懈怠，畢竟健身對於體力的消耗實在不小。這時候就可以適當地改變一下健身的強度和形式。如果平時每天只做十幾分鐘的激烈運動，那麼不妨抽出一個下午，跳場舞、游泳，或者只是進行一次登山、郊遊；如果習慣了每天 1 小時慢跑，那麼，偶爾試試快跑 5 分鐘，讓自己流一場汗，回家洗澡看電影，也是不錯的選擇。

為了自己的身體，堅持健身是必需的，也是必要的！很多人會抱怨：「每天要工作、要學習，還要抽時間去健身，哪還有時間休息了？」那麼，何不從健身中找到些樂趣，讓「不得不做」的健身，成為最有效的休閒方式。

休閒時不忘提升心智

休閒可以是放空自己，進入無意識狀態，讓自己的思緒漫遊；也可以是從健身中，享受大汗淋漓、無憂無慮的樂趣；或者只是簡單地聽聽音樂、看看書、看場電影、畫幅畫……既然已經懂得了無所不在學習的意義，自然不能在休閒時忘記提升自己的心智。

時間對於每個人來說都是一筆可貴而有限的財富，既然休閒需要占用時間，就該利用這些時間，為自己創造最大的收益。休閒對於改善精神狀態，讓自己快樂工作、積極學習無疑有著正向的意義，但如果能夠將其進一步運用到提升自己的心智中，其效果也是非凡的。

如果還記得前文提過的無所不在學習，就該懂得所謂的隨時隨地、無處不在的學習，不會因為處於休閒時間就消失不見。學習與休閒從來就不是相互對立存在的，在為自己設定的學習時間裡，需要學習的更多的是自我成長所需要的專業知識。但想要取得跨界學習的效果，很多人就很難再從中分割出時間來。那麼，就從休閒中找到無所不在學習的樂趣吧！

休閒不僅能夠怡情，同樣可以益智，這就是所謂的「休閒時不忘提升心智」。著名的教育專家曾說過「生活即教育」，對於每個人來說，接受生活其實就是接受教育，休閒時光同樣是增長知識的有利時機。在休閒過程中，同樣是在接受著各種不同的知識，獲得各種不同的資訊。在旅遊中，能獲得的不僅是身心的放鬆，同樣能夠學到各種自然、人文、建築知識；在讀書、看電影時，看到的不僅是扣人心弦的故事，還有人物的處世智慧；在下棋中學習棋藝，在健身時學會養身，在社交中汲取資訊……既然休閒也是人生的一部分，就必然可以從中學習到各式各樣、有用沒用的人生智慧。

近幾年來，垂釣越來越成為人們休閒方式的主流。在過去，垂釣只是那些老人家的專利，年輕人少有能夠安下心來，手握釣竿、等魚上鉤。但在今天，越來越多的年輕人也開始加入垂釣的行列。垂釣之所以越來越被人所喜愛，其無窮的樂趣自然不容忽視。而其對於人們修身養性、祛病延年，也有著不俗的作用，其中那份與魚鬥智鬥勇的樂趣，也讓很多人欲罷不能。

小劉雖然只有 28 歲的年紀，卻已經成為國內某上市公司的行銷部主管。在以前，他會選擇「宅」作為自己的休閒方式；而如今，他卻越來越喜歡釣魚，一到休息的時候，他就迫不及待地收拾釣具……

在小劉看來，垂釣之前不僅要掌握關於釣具、釣餌、釣技的相關知識與技能，還要懂得魚性、水性，甚至是天文地理的相關知識。一個真正的釣魚者，不僅能對垂釣本身的知識如數家珍，甚至對於水文、天文、地理知識也能夠娓娓道來。這些知識，是能夠在垂釣中有所收穫的必然前提，但如果沒有一份堅持、一份耐心、一份抗壓性，不僅收獲不到魚和快樂，反而會失落而歸。當走到池塘邊、河堤旁，在水邊青蔥綠色的照映下，聽著鳥兒們輕鳴，看著粼粼的水波蕩漾，自己的心靈也頓時一片喜悅。那些煩惱、那些喧鬧，那些勾心鬥角、功名利祿，都從腦海中消失不見。這樣的愉悅體驗，不正是休閒的目的所在嗎？

當準備好釣竿、釣餌，將之扔向水波，心靈也將沉浸於此。看著遠方的天空，感受浮標的浮動。在某次浮標交替沉浮的時刻，在那稍縱即逝的時光中，提起釣竿，看著釣鉤上搖擺的小魚而喜悅，在大家讚賞、羨慕的眼光中，或收入魚簍，或放回水中，感受到的是前所未有的愉悅。

但大多數時候，小劉也只能看著空空的釣鉤自嘲。他認為，垂釣有時就像人生，當自己冒著嚴寒、酷暑躊躇滿志地放下魚餌，在水邊枯坐良久，卻沒有任何收穫。自己會遺憾、會感嘆，但身心卻有著不同的感受。「醉翁之意不在酒，在乎山水之間也。」來到水邊，難道真的是為了飯桌上的一道紅燒魚？垂釣真正的快樂在於遠離塵世的喧囂，享受那一份寧靜。而人生的快樂或許也不在厚實的錢包、堂皇的家居，而在於那段奮鬥的過程！

在靜心垂釣中，能夠在自己與天地的世界中感悟自身、感悟人生，這是心的愉悅；在垂釣前後要整理裝備、關注天氣，會與釣友交流心得、相互切磋，這是智的提升。而這就是休閒。

休閒生活是進行人生「充電」的良好契機，但也不必將之看得那麼功利。休閒的本質是放鬆心情，以更好的精神狀態面對緊張、困擾的工作、學習，如果休閒也成了「痛苦」的學習，那麼未免得不償失了。在休閒時間，要不忘提升心智，除了學習智慧之外，同樣要懂得放鬆心情。

就休閒與健身相結合而言，很多人會選擇跑步。慢跑著實是一項不錯的休閒、健身活動，我們在慢跑時還可以聽音樂，可以看風景，也可以沉浸在自己的心靈世界。

小吳在一家企劃公司工作，也是一個跑步愛好者，曾經有人問過他：「當你跑步時，你在想什麼？」他的回答卻是：「其實，在我剛開始跑步時，我只有一個目的，那就是讓自己不去想，讓自己在不停地擺動雙腿中，感到一種麻木。從這個角度來看，跑步實在是最好的『麻醉劑』了，比酒精實在好太多，我既能麻木自己，也不會失去意識。」——這就是小吳最初的想法。

有時候，當忙完工作回到家中時，他會感到一種悸動。於是，他就換上運動裝，穿上慢跑鞋，稍微做做伸展運動，帶著耳機走出家門。這時，小吳總是會感到一種忐忑與欣喜。他也不知道自己會跑多遠、跑多久，會見到怎樣的風景、遇到些什麼人，但他知道，生活的那些痛苦、煩惱會隨之而去。在當時，對於他來說，跑步其實並沒有什麼樂趣可言，有的只是一種麻木，雖然偶爾也會想些什麼，但那些思緒總是一閃而過，只剩下空白。對於那時的小吳來說，只是「以樂趣的喪失為代價，驅逐體內無法排解的痛苦和煩惱」。

那麼，「當我跑步時，我在想什麼」呢？村上春樹在《當我談跑步時，我談些什麼》中提到，「提這種問題的人，大體都沒有長期跑步的經歷。」村上春樹在描寫自己的跑步經歷中說道：「當受到某人無緣無故（至少我看來是如此）的非難時，抑或覺得能得到某人的接受卻未必如此時，我總是比平日跑得更遠一些。」有時，當小吳感到苦悶時，他就會逼迫自己跑得更快、更遠一點。有時，他的身體都開始哀求自己停下來，但他依然咬牙切齒地壓榨著自己最後一絲體力，好讓自己的苦悶隨之排解而出。

跑步常常讓人感到孤獨，因為這是不需要對手、也不需要同伴的運動。這種一個人的運動，常常讓人無法忍受。每個人在跑步時，都有著自己的步調，人們很難找到 2 個步調一致的人；每個人都不是在賽跑，不需要跑得比誰快，也不用因為跑得比誰慢而自卑。雖然有時會蹦出一隻小貓，有時會看到夕陽日出，有時會有一個美豔女郎擦肩而過，但那些只是過客，就好像我們的人生路一樣。

就是這樣麻木而孤獨的跑步，小吳卻堅持了許久。直到有一天，他感受到了村上春樹所說的「藍調」：跑步不再是跑步，而是一種生活。它雖然沒有那麼多的樂趣，那樣的熱烈，但也沒有自己一直以為的那樣悲苦。人生總是不可避免地存在孤獨與麻木，但當我們排解了那些煩悶之後，我們就會明白，這就是人生，人生並不一直都是多彩的！

「身靜則心靜，心靜則致高遠。」休閒並不在於以何種形式進行，只要我們能夠從中獲得身心的放鬆，就能在疲憊的人生中，感受到「寧靜以致遠」的喜悅。休閒不是自我放縱，也不是工作、學習的補課，而是一段心境調適和情智收獲的過程。

把工作當娛樂

為了生存，人們總是不可避免地需要工作，工作總是會成為生活中最大的負累。畢竟，沒有多少人從事著自己喜歡的工作，而正如廣為流傳的那句話：「一旦興趣變成工作，樂趣也將不再。」於是，工作總是讓很多人感到煩悶不已。然而，既然每天有 8 小時的時間在工作當中，那何不把工作當做娛樂呢？

當來到某家公司時，很多人都清楚，自己很難在其中工作一輩子，公司對於很多人而言，只是一個短暫逗留的地方。因此，很多人總是無法融入其中，告訴自己「I don't care」。於是，他們真的把工作當做了娛樂，玩得開心就繼續，不開心就走。然而，在這樣的「娛樂」之中，他們卻很難真正感受到娛樂的愉悅。

無論在這家公司會待上多久，1 年、2 年或 5 年、10 年，都該融入其中。只要進入了某個公司，對待每個人、每份工作的態度，都該像自己會留在那裡一輩子一樣。人是一種社會動物，公司同樣是社會的一個縮影，每個人都需要和其他人一起工作。每個人都有自己的感受，有喜悅也有傷心。一個人進入一個公司，無論打算待多久，都不能抱著「反正自己不會待上多久，我才不管別人呢」的心態，「獨善其身」對於工作、學習、休閒都沒有任何好處。無論來到什麼地方，都該盡力對每個人好，讓每個人喜歡自己，也讓自己喜歡上他們。只有如此，才能在他人的好感、關懷、尊重中，享受到工作的愉悅。

懂得時間管理的人，就懂得如何做自己的人生規劃，很多人的人生規劃往往會延伸到未來 30 年。而對於悲觀論者而言，再多的規劃也抵不上今晚的一次意外。於是，他們將生命中的其他人看作可有可無，或者只是單純作為自己實現人生目標的墊腳石。然而，不管會活上 30 年還是 3 個小時，如果讓自己活在一種不信任、懶散的氛圍中，人生也就沒有快樂可言了。人的壽命從來不能由自己決定，或者說人不能掌控自己的未來，但每個人都可以掌握現在。出人頭地是很多人的夢想，但忽視他人，甚至犧牲他人的利益來滿足自己的欲望，人生最終又怎麼會不後悔呢？一個人能夠處在相互信賴、友善、正直的工作氛圍，難道不是娛樂的真正含義所在嗎？

如果功利地將他人或公司當作自己的墊腳石，就不可能讓自己融入其中，而他人的尊敬、關懷、好感，自然無從談起。或許，這樣的人生會獲得物質與金錢的成功，但結果只會是不快樂。不會有人否認，成功終究在於心靈上的愉悅，物質上的收穫到底只是滿足心靈的方式，如果忽視了給別人、給自己帶來快樂這一最終目標，本末倒置的人生只會讓自己疲於應付工作中的爾虞我詐。

要把工作當作一種娛樂，讓自己在辛苦的工作中，獲得休閒的享受。首先，應主動完成自己分內的工作，不需要別人糾正，也無需別人推動自己，完成本職工作是對同事、對公司最好的尊重。而在力所能及的時候，幫助同事完成他們的工作，在他們臨時有事時，頂替他們的工作，至於回報 —— 難道同事的尊重不是最好的回報嗎？

太多的人喜歡在背後批評公司裡的同事。有時，人們為了照顧別人的面子、團隊的氣氛，不願意當面提出，但卻喜歡在背後宣洩自己的不滿。這樣做的結果不是解決了問題，而是製造了分裂與猜忌。無論是什麼問題，都應該在和諧的氣氛下，以友善的態度去解決問題，而不是以背後議論的方式獲得最終的「勝利」。

工作始終是一種責任，投機取巧的後果從來不是自己占了什麼便宜，而是失去了同事的尊重，甚至失去了工作。按時上下班，完成自己的工作是所有員工必須具備的素養。但很多人常常會變成一根「老油條」，能遲到、能早退，就是不遵守工作時間；能不做、能讓別人做的工作，自己就不做。這樣的工作態度，不會為自己贏得他人的信任，只會讓自己陷入他人的質疑與自己的愧疚之中。

即使是到了下班的時候，如果還有工作沒有完成，應該主動留下來，完成工作。如果獨自溜走，從道理上說是沒有任何失職的地方的，但卻失去了同事的信任。工作是一個團隊合作的過程，要做完自己的工作，也要幫助團隊的夥伴完成工作，如果你對同事關懷，同樣也會得到相應的回報。

工作只占用了人們每天三分之一的時間，而另外三分之二的時間總會給人們造成各式各樣的煩悶，有時候被煩悶所困擾而無法排解，就會將之帶到了工作之中。於是，很多人理所當然地對工作不積極、對同事態度差。每個人都有煩惱、低潮的時期，這當然可以理解，但最重要的是，事後必須做出誠摯的道歉。道歉並不會讓自己難堪，反而會為自己在公司中贏得面子。

如果能夠在工作中，給別人的人生帶來積極的改變，工作就真的成為一種娛樂。很多人常常把工作和娛樂分割開來，工作時間就是煩悶工作，娛樂時間則必然在工作時間之外。但很多人也常常會有這樣的體驗，節假日堵塞的公路、百貨公司裡擁擠的人潮、乏味的飯局……這些「娛樂」給自己帶來的體驗，往往比工作還要糟糕。

很多人將工作看得很單純，那就是取得薪資，養活自己，支撐我們的娛樂開支。然而，如果工作能夠為別人帶來快樂，那它就不再與娛樂有所區別。當自己感受到快樂時，別人也會感受到快樂；當自己使別人快樂時，自己也會快樂。對於娛樂而言，怎麼能夠人為地做出時間上的限定呢？如果能夠得到薪資，還能帶給別人快樂，這又怎麼能被簡單地稱為工作呢？

物質和金錢是獲取快樂的途徑之一，但是人們的快樂始終在於內心的滿足感，如果能從工作中實現目標、獲取金錢、獲得滿足感，那麼又何必貪心不足、追名逐利呢？人生的意義在於享受，很多人卻單純地將享受的時間定格在了人生的三分之二中，白白地讓自己失去了三分之一的快樂，人們怎麼會如此不懂得工作同樣是娛樂和享受的時光！

有時候，人們在生活中遇到各種的苦悶就會向同事傾訴，諸如關於自己的朋友、感情、家庭等的問題，希望從他們那裡得到慰藉。但下班時間一到，很多人就與自己的同事，幾乎成了陌路，再也沒有聯絡。

仔細想想，明明是工作以外的事情，很多人卻要工作中的朋友為自己解決，這些人難道不是自己真正的朋友嗎？難道與他們在一起時，感受到的快樂比在其他時候少嗎？那麼，何不反思下自己的行為。為什麼不為他們付出更多？為什麼更看重自己工作以外的朋友？難道就因為兩者被貼上了「工作」和「娛樂」的標籤，就能夠區別對待？

當與同事合作產生的報酬維持了我們的生計之後，很多人會將之與自己工作外的朋友分享，卻不願意給自己的工作夥伴們送上一份禮物、請上一頓飯。確實，那些工作以外的朋友陪我們從小走到大，與我們更加親近、有更多的經歷。但這並不表示，不需要將工作以外的時間，與工作以內的夥伴分享。

在很多人看來，傍晚、週末的時間繼續與同事相處，那將成為工作的延續，而非娛樂休閒的時間。這其實是人們的功利心理在作祟，他們把那些工作夥伴看作人生的過客，殊不知，正是這些過客，幫助自己取得了維繫生計、盡情休閒的物質基礎，也是這些過客，為自己在工作以外時間遇到的困惑，提供安慰與幫助！

很多人之所以不願意回報他們，不願意像對待自己的「老朋友」那樣，關懷、聆聽、幫助他們，只不過是因為他們碰巧是自己在工作上的朋友。當自己與他們在非工作時間聚在一起時，他們就將之看作對休閒時間的浪費。其實，那段時間不也是一種娛樂、一種休閒嗎？

要把工作當做娛樂，首先就是要把同事當做朋友，其次要把工作當做自己的休閒，在取得事業成功過程中獲得目標實現的滿足感。有些人喜歡畫畫，於是他們用大量時間學習、練習畫畫；有些人喜歡看電視劇，於是他們每天不斷地追著更新；有些人喜歡美食，於是他們搜尋著各種佳餚珍饈，每天換著吃……那麼，為什麼不能喜歡工作呢？工作並不是迫不得已的任務，沒有全力以赴得到的就只有失望，一旦投身於此，人們就能感受到目標實現的滿足與快樂。

很多人總是期待公司能夠給予我們些什麼 —— 更多的薪

水、更好的福利、更長的假期。但他們卻不願意為工作付出更多，能不做的就不做、能休息的就休息、能不參加的就不參加，如果自己不能支持公司，又怎麼能奢求公司給予支持呢？

工作與休閒之間，常常有著一道「牆」將之清楚地分割開來，很多人不會以真誠的態度對待工作上的朋友，也不會以全心全意的付出對待工作。其實，如果把工作純粹地看作工作，把工作夥伴看作同事，人們自然就不會為之付出，因為「牆」的這邊天然帶有「不值得付出」的標籤。

然而，如果我們能夠把工作當作娛樂，把工作夥伴看作真正的朋友，為之付出，給予他們關懷與支持，我們所能獲得的愉悅，並不會比「工作之外」更少！

第 06 章
家 —— 家庭時間管理

把親人當成朋友

提起親人，總能讓大家感覺溫馨，臉上洋溢著笑容。確實，親人所給予我們的關懷是其他人無法比擬的，然而現實中，很多人卻因為各式各樣的事情，不斷將與親人溝通、相互陪伴的事情延後，一直說「等我忙完了這一陣，就回家看看」。但到底什麼時候去看望他們，誰都不知道了。

正因為每個人在想到親人的時候心裡都是溫暖的，所以會認為，即便不常去看望親情總是不會被抹掉的。實際上，親情同樣需要去維護，親人常來往，就會發現生活豐富得多，更重要的是，當你去維繫親情時，會被很多美好的情緒所包圍，有助於你營造良好的心理環境，再去處理工作或是學習的時候，就有可能達到事半功倍的效果。

親人之間要常走動，聯絡越多感情越親密，晚輩要常去看望長輩，同輩之間亦要常交流，哪怕你再忙。這時候，該如何管理好時間，既達到維繫親情的目的，又不影響生活中的其他事情呢？

首先，要將維護親情納入日常生活安排中，意在提醒自己，要空出一部分時間去連繫親人。

有些人覺得，只要隔段時間聯絡一下親人就可以了，所以並沒有真正將此當回事，導致長期忘記要聯絡親人。不妨在記事本中或是手機提醒功能上做個紀錄，雖然不用每天提醒自己，但至少會有明確的意識：別忘了打個電話給親人，或是去看望一下對方、邀請他們來家裡玩。

張先生與妻子、孩子生活在南部，但其他親人都在北部，雖然相隔很遠，他與妻子工作也非常忙，但還是定期抽出時間和家人聯絡。

他有一個習慣：將重要的事情全部記錄在手機備忘錄中，這樣便記得非常清楚，其中包括親人的生日和重要事件等。

有一次，外甥要參加考試，他一早就打電話到表姐家裡，說「希望外甥能放輕鬆，發揮最好水準」，這令表姐一家都非常開心。

可見「記事本」是個好東西，可以將零碎的事件記錄下來，並提醒你用零碎的時間去處理，關心親人並不需要用煲電話粥的方式，只要能傳達關心就好了，千言萬語抵不過關鍵時刻的一句問候和鼓勵。

關心親人可以隨時進行，但在重要節點上的關注會比平時多幾倍正能量，當對方遇到開心的事，要記得和他分享喜悅；如果對方心情不好，也別忘了給予安慰和鼓勵，每個人都有類似的感情需求。所以說，想要管理好時間，就必須用一種合理的方式，督促自己去關心親人。

有時候，對方可能只是簡單地說了句「我下週要去旅行」，但被記錄下來後，你的心裡就會惦記這件事，去關心對方是不是安全到達、玩得是否盡興、有沒有順利到家等，在親人聽來，心中都會充滿溫暖。

親人之間的聯絡越多，關係就越緊密，就像無話不談的朋友一般，這都得益於良好的時間管理習慣；相反，就會覺得時間總是不夠用，因而一次次減少與親人交流，時間久了便會生疏，甚至看上去還沒有和朋友的關係好。

其次，要根據自己的時間，選擇適當的溝通方式，避免因時間太趕，而讓「維繫親情」變了味。

有些人特別想與親人保持親密關係，但苦於不會安排時間，所以無法順利實現願望。例如，當與親人不在同一城市，甚至同一個國家的時候，可以選擇電話聯絡；如今的網際網路通訊技術非常發達，社群軟體聊天可以輕鬆實現跨國交流。

當然，如果親人之間距離比較近，不妨選擇共同參與一些活動，或是去彼此家裡坐坐，更能增進感情。

李女士生活在澳洲，上週得知表哥一家要來這裡旅遊，先後打了好幾通電話過去，一定要讓表哥一家住到自己在澳洲的住所。

對方本來不想打擾她，只是說過去坐坐，但考慮到李女士的熱情，最終決定住到她家裡。但她太忙了，公司也不允許在這個非常時期請假，她只好利用瑣碎的時間做飯、打掃等，最後反倒令表哥一家非常尷尬。

和親人多聯絡本是件開心的事情，有些人卻因為沒有安排好時間而「搞砸了」事情。針對李女士的情況，應該尊重表哥一家的決定，分別從自身和對方的角度出發，既然自己無法照顧周到，就不能將對方帶入自己的生活節奏中。表哥一家是來旅遊的，當然希望放鬆心情，有一段愜意的時光，而李女士的做法會增加他們的緊張情緒，反而違背了親人的意願。

俗話說，「適得其反」，所以需要每個人都透過安排好自己的時間，在身心比較放鬆的情況下與親人交流，有利於感情的增加。相反，如果做什麼都非常著急，對方就無法感受到誠意。

日常生活中，工作或學習告一段落後，會有一些休息時間，多則幾天，少則幾個小時。休息時先讓自己放鬆下來，當情緒完全平復後，打個電話給親人，聊聊這段時間的生活，聽聽對方的生活，心裡會多些許安慰。

如果有出差、假日、旅遊等機會，不妨先規劃一下時間，哪怕抽幾個小時去看望一下對方，或是一起出來吃頓飯，都是難能可貴的，此時的 1 分鐘勝過電話裡的幾個小時。

因此，一定要對生活中的所有事情有整體規劃，當然也包括和親人交流，越能安排好時間的人越會帶去誠意和溫情，似乎把這段時間就留給了親人，沒有其他事情的打擾，對方也不用因此看到歉意。

說起為親人保留「特別的時間」，當下所發生的一些現象很值得注意：

阿力在離家比較遠的城市工作，幾乎每年只有過年的時候才回家。這時候，親人之間串門比較多，正是聯絡感情的好機會，可是阿力卻不停地玩手機，即便是和父母在一起，他都一副「忙碌」的樣子，一會兒看看手機上的電影，一會兒玩遊戲……

在工作壓力、生活節奏不斷增大加快的當下，能有機會和親人聚會是非常難得的，尤其對於很長時間才見一次面的親人來說，應該珍惜在一起的每一分鐘，當再次背上行囊踏上征程時，來自親人的關心和叮囑會成為激發內心動力的要素。

與其獨自玩手機、上網，不如陪親人說說話，一起看電視、幫忙下廚等，也可以根據對方的時間和興趣安排一些戶外活動，類似於郊遊、唱歌都很不錯，能夠一下子聯絡到很多人。

值得一提的是，在安排活動前，要充分考慮對方的時間，如果和自己的時間衝突，就需要及時調整，把這些事和其他事情挪一下。時間都是安排出來的，能將生活安排得越緊湊，就越能在有限的時間裡做盡可能多的事情。

親人永遠是生活的一部分，所以要經常聯絡、走動，以免感情變得生疏，但做這些事情需要花費一定時間。不要總以「忙」為藉口，時間是一定安排得過來的。當真正與親人在一起的時候，應該充分利用好每一分鐘，因為這是累積正能量的元素。讓親人之間的感情為人們消除煩惱和營造優良的心理環境，是透過做好時間管理、與親人保持密切聯絡的最重要緣由。

家庭是事業的基石

現如今人們都太忙了，為了事業而奔波，常常忽略了家庭。有的人為此事爭吵，甚至升級為家庭戰爭，家人能體諒你一次兩次的忽視，卻無法忍受你長期的忽視。說到這裡，你一定很委屈：「我也想替孩子過生日，也想陪另一半逛街，同樣想陪父母散步、聊天，可是我有很多事情要處理，如果做不好，老闆就有可能炒我魷魚，我如何讓家人過上好日子？」

當人們都在追求成功的時候，常常忽略一個問題：為什麼大部分成功者，既有令人欽佩的事業，同時擁有美滿的家庭？最重要的原因就在於他們會有效利用時間。

在無數次與家人的爭執中，對方會多次這樣提問：「是家庭重要還是工作重要？」而被提問者經常無言以對。其實，工作和生活是密不可分的，兩者之間存在相互促進的作用，其中一項處理得不好，會影響另外一項。每個人一天都只有 24 個小時，誰能安排好時間，就能從工作和家庭中，得到雙份喜悅；相反，安排不好時間就會把生活攪亂，令人苦不堪言。

那麼，到底要如何做才算是合理使用時間呢？

首先，不要把「家庭」、「工作」當成劃分事務的象徵，而是根據輕重緩急來劃分。在每個人的記事本中，應該有這樣一塊區域：將日常事務分別寫在「緊迫而重要」、「緊迫但不重要」、「不緊迫但重要」、「既不緊迫也不重要」4 個類別中。遇到事情就寫，而不是先擱置一邊，這個習慣意在對日常事務進行整理，以免因發生慌亂情況而影響自己和家人的情緒。

幾乎人人都遇到過緊迫情況，知道滋味不好受，且很容易出錯，所以要把時間盡可能安排好，留出足夠多的時間去處理緊迫事務，會比在緊張狀態下處理更有好結果。

當你能兼顧家庭和事業的時候，兩者就不會發生衝突，到時候你會發現，事業順利發展對家庭有很大幫助，家庭幸福美滿同樣能推動事業進步。

其次，與家人相處要顧及對方的情緒，多陪伴、溝通，設計一些有意義的活動。和家人的相處時間畢竟有限，所以更應好好珍惜，如果能在有限的時間裡，產生更好的效果，你的時間利用率就會比別人高，所感受到的溫情也更深刻。

與家人相處畢竟是個互動的過程，不能只考慮自己的想法，還應該關心對方在想什麼。例如，好不容易有個長假，想與家人一起去旅遊，不能單單只考慮自己想要去哪裡，還要聽聽他們的意見，如果在這方面產生過多分歧就太不划算了。

有人說：「陪伴是最長情的告白。」不論對伴侶，還是孩子，縱使給他們再好的物質生活，如果缺少精神上的交流也會令自己與家人的感情陷入「危機」。

因此，在進行日程安排的時候，一定要空出和家人在一起的時間，全身心地投入家庭生活中。正因為已經用時間管理法則把其他事情都安排妥當，所以不必過於擔憂，而是讓自己放輕鬆，盡可能多地營造浪漫、溫馨的場景。這段時間裡，你和家人的歡笑越多，內心就越充實，才會有更好的心態去面對工作中的各種挑戰。所以說，家庭是事業的基石。

康先生是一家大型超市的採購部主管，平時工作很忙碌，常常還要加班，儘管如此，他還是會盡量抽出時間陪伴家人，和妻子結婚 10 年了，感情一直很好，他們共同養育了一個 8 歲的兒子，孩子的性格也非常不錯。

週末一早，康先生就會為家人準備好早餐。平時多是妻子做，週末了他要讓妻子多睡一會兒，就主動為他們服務。早餐之後，若是天氣晴朗，他們一家會選擇去公園等地方散步，帶孩子感受大自然的風光。中午一般在外面吃飯，下午通常都是將孩子送去才藝班，然後他會和妻子去看場電影，因為他們在戀愛時最喜歡去看電影，這不僅是兩人共同的愛好，同樣是非常棒的回憶。

等孩子放學後，夫妻倆會帶著他去爺爺奶奶家吃飯，這是他們家保持了好幾年的習慣，若是康先生出差，妻子也會帶著孩子過去。

可見，即便是在不上班的週末，康先生的時間也安排得非常「緊湊」，看不出一絲浪費的情況。康先生讓自己全心投入到家庭中，把關心帶給父母、妻子和孩子。

不少人想過要抽時間陪伴家人，可真到了有時間的那天，卻因為過度拖延，而失去了好機會。

例如，本來想好週末的時候陪父母去超市逛逛，回家後再幫他們把窗簾、被單洗掉，可因為前一日晚上熬夜看劇，等第二天醒來已經 12 點了，這樣一來，計畫全部打亂了。

因此，不但要想好如何陪伴家人，還得為此安排好時間。尤其是在個人娛樂方面，切忌占用過多時間，總是沉溺於自己的世界中，負面情緒會不斷上升，越貪戀這種休息方式，人越覺得疲憊。而和家人在一起，積極情緒就會增加，有利於事業的發展。

有些人覺得生活缺乏情趣，久而久之就覺得生活像白開水一樣了。其實，生活中的各種調味料都是自己加進去的，這個形象比喻的背後，是希望每個人都能透過設計有趣的活動，讓生活豐富起來，雖然陪伴家人的時間有限，但透過這些活動，讓每個人心裡都產生溫馨的感覺。這種美好的情緒會延續很久，無形中令時間的利用效率增加了，等於說花 2 個小時陪伴家人做有興趣的事情，令所有人幸福一整天、一週，甚至一個月，這樣管理時間，效用才能最大化。

不論事業上有多成功，走了多遠的路，家人始終是最堅強的後盾，擁有美滿幸福的家庭，是每個人都希望的，所以要盡量抽出時間陪伴家人。當然，僅僅做到這些遠遠不夠，還要讓自己與家人在一起的時時刻刻都充滿意義，至於如何安排活動，就看每個人自己的想法了。

召開家庭會議

幾乎每個家庭都遇到過需要進行決策的情況，例如，商討孩子的學業、換房換車、去哪裡旅行等，正因為想法不同，所以要圍繞這些事情展開討論，以免因每個人都堅持己見，導致發生爭執，不僅沒有解決問題，還浪費了大量時間。這時候，可以召開一場家庭會議，針對引起家人之間分歧的某件事展開討論，所有人都應將想法說出來，切忌「藏著」，到頭來弄得自己心情不愉快。

既然是邀請家庭成員參加討論，就必須顧及每個人的時間，只有當所有人都有空的時候，注意力才會放在這件事上。從另一個角度說，這是在幫助自己和家人營造良好的心理環境，否則很容易因一點點小事而影響情緒，討論就很難繼續下去了。

將家人召集到一起開會，是為了處理好一些事情，避免家人之間發生矛盾。與其在有限的時間裡，和家人做一些無謂的爭執，不如用這些時間，和他們由某件事情展開討論，反而是增進感情的過程。相比之下，誰都會願意選擇後者。

王先生是出了名的好脾氣，似乎在他看來，沒什麼事要著急的，但他絕不是慢郎中，更不會做事拖拖拉拉的，反而將時間安排得非常緊湊。

有一次，朋友問及王先生：「你在家的時候，與妻子發生過爭執嗎？」朋友本以為王先生會搖頭，但卻聽到他這樣說：「與家人發生意見分歧是非常正常的，重點在於用合適的方法化解矛盾，甚至是在即將發生矛盾時就及時撲滅火苗。漫無目的的爭吵是最浪費時間的。」

原來，王先生有召集家人「開會」的習慣，每次遇到有意見分歧的時候，都會開會。但在開會前，他會事先宣告：不能說與主題無關的話；不要急於否定對方的想法，應該讓對方把想法闡述清楚。

剛開始，除了王先生之外，其他家庭成員並沒有對此抱有希望，但透過不斷「實驗」與磨合，漸漸地習慣了這種方式，家人之間發生爭執的情況也大大減少。

世界上不存在一模一樣的人，所以面對家人的不同意見，應該以平常心對待，越是肯定他們的想法，對方越願意說更多，這樣才能真正了解家庭成員在想什麼。家人之間的了解程度會隨著時間的推移不斷加深，默契就是從中產生的，這難道不是所有人都期盼的嗎？

當提及「會議」二字時，不少人會皺起眉頭，似乎又回到了辦公狀態。其實，家庭會議和工作會議有天壤之別，常開家庭會議的人，就能體會到家人為某件事情而群策群力時產生的正能量，這種溫馨的感覺是在其他地方無法獲取的，因此要特別珍惜。不能在家庭會議上浪費時間，否則就等於放棄了與家人共同努力的過程。

那麼，開家庭會議的時候，應該如何做才能確保有效利用時間呢？

首先，要確定好主題，並規定不要說與主題無關的事。這是個非常重要的前提，雖然很多人也會開家庭會議，卻常以失敗告終。原因就在於沒有控制好節奏，導致往其中加入了一些不和諧要素，例如與主題無關的爭吵，甚至牽涉了無關的人，都會令家庭會議「變味」，無法造成節省時間、增進感情的目的。

說到家庭會議的主題，人們也很容易混淆，甚至在不了解當前情況的時候，就盲目地確定了主題。

這幾天，王先生的心情都不怎麼好，他們家為是否送孩子去國外留學已經爭論了好多天。妻子主張送，他則尊重孩子的意願，表示既然孩子暫時不願意去就別勉強。家裡充滿了火藥味……

王先生嘗試著開家庭會議，盡量挑選自己、妻子、孩子情緒都比較好的時間開會，但總以爭吵告終。

原來，他將每一次家庭會議的主題都定為「是否送孩子去國外」，於是大家都著急著下定論，沒說幾句就會吵起來。

其實，既然大家持有不同態度，一定是從多方面看待這個問題的，這樣本身是一件好事，說明這個家庭中每個人都是為了更好地處理這件事。如果王先生將主題定為「孩子在國外學習的優勢與劣勢」，再讓每一個人都充分闡述觀點，由於這樣的主題更加切題，有利於家庭成員更細膩地考慮問題，這樣既容易達到統一想法的目的，又能提高會議效率，所以，正確決定好會議主題很重要，應該引起重視。

其次，及時制止「離題」情況發生，當一個要點達成共識後就不再提及。儘管很多人會事先說好別說與主題無關的事情，但還是由於各種原因，有時候容易將無關話題加入家庭會議中。

例如，不少人在闡述觀點的時候，喜歡說「打個比方」之類的，就很容易說到其他事情上面去，但這可以透過人為控制，及時轉移話題。

每一次家庭會議都有可能涉及很多細小的方面。不妨先列個「流程」，將每一件等待解決的事情寫下來，每當一項事情達成共識後就在旁邊標注一下，這個問題就算通過了，如果沒有特殊的需求就不再提及。

還有，對於開會時間較長的家庭會議，可以設定「休息時間」，以免因產生疲勞而降低效率。有時候，家人之間討論的問題比較重要，加之參與的人數較多，會議難以在短時間內結束，當感覺疲勞的時候可以活動一下身體，這也是在給對方暗示：你有些累了。

當一個人出現這樣的行為，或許還有其他人會這樣，不妨起身為他們倒杯水，或是準備點吃的，有助於大家活躍思維。

此外，當覺察到此次討論可能不會有結果的時候，要在第一時間調整談話方式和角度，幾次嘗試後如結果一樣，就應果斷地結束討論，再擇期約定時間。

雖然每一次家庭會議前，所有人都希望能討論出結果，然而有時卻可能出現事與願違的情況。但不能輕易放棄，先讓正在說話的人講完自己觀點，然後耐心地提示大家：是否可以換一種思路。如果你已經從另一個角度切入，可以把自己的想法告訴大家，並鼓勵所有人用全新的眼光看待問題。家人之間互相鼓勵加油，會增加彼此之間的信任和依賴感，對達成共識非常有幫助。

有時即便再努力也有可能出現無法扭轉局面的情況，再談下去只會浪費時間。所以此時必須當機立斷，結束當前的討論，以免影響家人的情緒。但是，儘管此次家庭會議沒有得出最終結果，也不能因此認定時間被浪費了。該過程一定討論出了點結果，甚至有可能是針對某個環節而達成的一致結果，這同樣非常重要，因為那是家庭成員討論出來的。你不妨將它作為階段性總結，當大家準備離開時說出來，並要求眾人記住，下一次再開家庭會議的時候，不妨從這裡開始，也是節省時間的好辦法。

最後，為了保證家庭會議的高效性，可以私下與幾位家人溝通。選擇的對象通常是家裡比較有威望的人，或是與眾人意見分歧較大者，能夠讓討論變得簡單。

例如，全家人在討論一件非常重要的事情，但大家的意見分歧比較大，不妨先問問長輩的想法，畢竟他們的生活閱歷比較豐富，可以將一些經驗傳授給你。

當然，也會出現個別家庭成員的想法與大家背道而馳的情況，同樣能採取「先單獨溝通」的方法，有助於他們說出內心的真實想法，你才有可能找出真正的突破口。當參與家庭會議的時候，你可以幫助他表達想法，討論的針對性就增強了，這樣當然也就能節約時間。

可見，不要小看了家庭會議，它的作用是非常大的，但前提是要確保家庭會議在有效的情況下進行，此類活動參與得越好，就越能增加家人之間的感情。時間久了，「家庭會議」就會變成一種「家庭活動」，何樂而不為呢？

親情源自愛情

很多人都說過：「當熱情退去，愛情就會變成親情。」聽上去多麼美好，不論親情還是愛情，都被人們所嚮往，然而追求它們也需要花費一定時間，該如何規劃這些時間呢？

當有些人因為忙於工作而暫時忽略了伴侶，對方充滿怨氣的時候，會想到找一個「範本」，上面寫有幾點到幾點，應該和伴侶在一起；每天要花多少時間甜言蜜語等。其實，這個「範本」是不存在的，大家也不能刻意模仿其他在此方面安排得較為妥當的人。因為每個人的生活理念、習慣、方式不同，刻意模仿只會令自己和伴侶更加被動，無法真正帶來溫馨的感覺。因此，不同的人要根據自己的情況，對現有的生活進行調整，以便有更多的時間陪伴在伴侶身邊，並讓在一起的每一分鐘都充滿快樂。

通常情況下，不少人會先忙完自己的事情，再利用空出的一大段時間來陪伴伴侶，這種做法存在兩種「隱患」：第一，會讓忙成為「藉口」，甚至無休止地工作、沉浸在個人娛樂中，由於總是會想到「等我忙完了再去陪他」，所以可能一直不會有「忙完了」的狀態；第二，過於刻意用一大段空閒時間去維護愛情，導致在其他時間裡可能會徹底忽略伴侶的感受，只等著忙完了再去陪他，同樣不利於兩人的感情。

所以說，必須分配好自己的時間，最好的方式就是在忙碌的時候，利用「零碎時間」處理感情生活，在空閒的時候，多與伴侶製造幸福、溫馨的場景，同時留下美好的回憶。

想要利用好「零碎時間」，必須提醒自己，要時刻將伴侶放在心裡比較重要的位置，可以將他的照片設為手機封面或是放在工作臺上，只要有空閒，就可以給對方打個電話或者傳訊息，雖然只是寥寥幾句，卻可以將思念之情傳遞給伴侶。

當然，別忘了再忙也要去幫伴侶挑份精美的小禮物，即便是結婚多年的夫妻，時常製造小浪漫是非常有必要的，伴侶關心的並不是禮物本身，而是你願意花時間、費心思為其挑選禮物。這並不會占用你很多時間，只要能安排好，完全有可能實現。

不少女性朋友既要上班還得照顧家庭，總覺得時間不夠用，漸漸忽略了去關心丈夫，甚至在對方想要製造浪漫的時候無情地回絕了他。時間久了，夫妻間的感情就會慢慢退卻，這難道是妳想要的嗎？

說到這裡，女性朋友一定會覺得委屈，因為她們的生活壓力也不小，沒有時間去聽丈夫的甜言蜜語，有了空閒寧願去陪孩子，也不會與丈夫膩在一起。

儘管結婚後生活發生了巨大改變，身邊出現了更多的人，如公婆、孩子……但並不影響女性朋友去關心丈夫，並和他共同製造浪漫。不要將此看成奢侈之事，只要會管理時間是完全有可能實現的。

不妨定期給自己「放假」並告訴丈夫：「我們去約會吧！」

盡情享受兩個人的時光，這是為自己減壓的良好途徑。當你的身心得到放鬆，再去處理工作和生活上的事情，就會覺得效率有所提高。

楊女士是一名醫生，平時工作非常忙，丈夫是高中老師，也很少有空閒的時候，兩人共同養育了一個 8 歲的兒子。

儘管如此，楊女士還是與丈夫約定好，每逢兩人都不加班的週六白天，他們會去過「二人世界」，先將孩子送到補習班，再決定要去哪裡。

家人和同事經常看到楊女士發布照片，很多人都非常羨慕她，楊女士卻說：「我只是能安排好時間。」

實際上，時間都是擠出來的。當你有空閒去陪伴伴侶的時候，應盡量商量好要做些什麼，切忌將自己的想法強加於對方身上，正因為時間有限，更要商量著去做什麼。這同樣是增加幸福感的重要途徑。

既然每個人的情況不同，和伴侶的相處方式也不一樣，所以必需根據自己的生活，制定相應的時間管理規劃，以免影響夫妻之間的感情。那麼，這個過程中，你應該注意些什麼呢？

首先，確定一個時間範圍，不要總是將陪伴伴侶「無限期延後」。在很多人心裡，知道要陪伴伴侶，卻無法給出具體時間，導致另一半怨氣不斷。當你沒有將「陪伴伴侶」放在心上，還只是停留在「一閃而過念頭」的時候，不可能為此空出時間，一旦將這件事看得非常重要，情況馬上會大不相同。

Kevin 在一家外商工作，身為部門主管的他經常加班、出差，能夠陪伴伴侶的時間並不多，因此，他會列一個計畫表：當完成哪些事情後，就空出 1 ～ 2 天時間，專心陪伴伴侶。

當有人問起 Kevin：「為什麼幾乎每次都能完成這些計畫？」他回答說：

「能夠被我寫在行事曆上的事情都非常重要，包括陪愛人，為了做這件事，我必須以最高的效率，完成前面的工作。」

曾有人說：「為了一件喜歡的事情，你可能要做 100 件不喜歡的事情。」這個道理同樣可以運用於此處。當你將陪伴伴侶寫在行事曆上的時候，心裡一定會異常溫暖，在做其他事情的時候，同樣會充滿動力。保持良好的心理環境，是提升效率的重要途徑，你便能早點完成工作，從而擠出一定時間來陪伴伴侶。

其次，珍惜和伴侶在一起的每一分鐘，共同計畫要去做的事，盡量做到互相謙讓，避免發生爭吵。

生活中，有時候會看到這樣的場景：夫妻二人好不容易有時間，盼望著能出去玩，但是卻因為一些細節而發生爭執，最終導致不歡而散。

與其生著悶氣過一日，不如開開心心地過。你始終要知道自己今天是來幹嘛的，當伴侶和你起爭執的時候，不妨多讓一讓，尤其是與原則無關的事情，為此鬧彆扭非常不划算。所以說，盡量和伴侶共同商量，不要武斷地說「我們該去做什麼」，以免引起對方不滿，從而發生不愉快。

可以設計一些有意義的活動，例如，重走戀愛時走過的路、一起看電影等，這些有利於放鬆心情的活動，能讓夫妻二人在平靜中找到溫馨的感覺。

值得一提的是，陪伴伴侶不一定要挑選時間，可以隨時隨地進行。例如，當手中的事情告一段落，給對方打個電話，問問他在幹嘛，如果對方說今天有活動，不妨參與到其中去，這也是一種陪伴。

當你有空閒的時候，也可以叫上伴侶一起，去看望父母，尤其對於和父母住得比較遠的家庭來說，你能這樣做，他的心裡同樣非常感動。

可見，想要與伴侶保持親密關係，就必須抽時間去陪伴他，同時，也要好好利用在一起的時間。當這些存在於你的習慣中時，夫妻關係就能維持優質狀態，隨著時間的推移，愛情會慢慢變成親情，如細水長流一般。越管理時間，越覺得時間充裕。

第 07 章
業 —— 職場時間管理

職業規劃 —— 職場「指南針」

很多人在大學時期都上過一門叫做「職業生涯規劃」的課程，每逢上這門課的時候，老師在臺上慷慨激昂地講解並播放著成功人士的案例，頗有指點江山的意味。恨不得一瞬間把在座的所有學生的職涯都詳盡地規劃一遍，一眼望去遍地都是未來的成功人士。臺下，學生睏意正濃，成功人士的經歷不過是催眠的利器，或許不小心溜入耳朵的話語會出現在失去意識的幾分鐘白日夢中，也算是經歷一次所謂的「成功」。

然而，當走出校門走進這個大雜燴的社會熔爐的時候，才發現沒有做好職業規劃就會像無頭蒼蠅一樣，在職場中橫衝直撞。開啟求職網站，五花八門的職位擺在眼前，瞬間傻了眼。看到什麼都想嘗試，但是又什麼都沒做過，什麼都不會做。最可怕的就是，很多人不知道自己喜歡做什麼，喜歡入哪一行。這就導致了很多在畢業時候躊躇滿志的年輕人，頻繁地換職業、跳槽。雖然人生應該盡量多體驗，但是在職場上這句話可謂是「言而無理」。就如同戀愛談多了很難再有真愛了一樣。不斷地換公司換工作，只會讓自己身心疲憊，最終還是不知道對什麼職位又興趣，更別提自己適合做什麼了。

提前做好了詳細的職業規劃的人，就很少會遇到類似的尷尬境遇。一個學習會計的人，在學習期間，就規劃好了自己要做一名出色的會計師，過幾年升遷到財務主管，再升遷到財務長。這就是一份雖然簡單但很明朗的職業規劃。好的職業規劃會讓一個人心裡充滿目標和篤定感，只要按照這個目標不斷努力，總會走到離目標最近的地方。我們熟知的很多成功人士，基本上都是在非常年輕的時候就做好了職業規劃。並不是拿一支筆一張紙，認真地寫寫畫畫，標明時間節點才叫做職業規劃，只要心裡有明晰的短期和長期目標，能按部就班地去做，這份職業規劃就是有效的。

史蒂芬 · 史匹柏是一位舉世聞名的大導演，他的電影深受全球影迷的喜愛和追捧。在他 36 歲那年，他就已經成為世界上最成功的製片人之一。如今，他更是電影史上的一個傳奇 —— 在電影史上十大最賣座的影片中，由他個人導演的作品就有 4 部！

史匹柏的成就讓人讚嘆，但為了成為世界上、影史上最成功的製片人，他也曾付出過 20 年的努力。在他 17 歲的那年，他有幸到一個電影製片廠做一次參觀，而正是那次奇特的經歷，讓他偷偷立下目標 —— 拍出世界上最好的電影。

第二天，他就穿上了一套西裝，提著爸爸的公事包，還在裡面裝了一塊三明治，來到了這家製片廠。這次，他不是來做遊客的，他就好像製片廠裡的一個員工一樣，大搖大擺地從警衛身邊走過，來到了製片廠裡面。他找來一輛廢棄的手推車，用製片廠隨地可見的塑膠字母，在車門上拼出「史蒂芬·史匹柏導演」的字樣……

就這樣，在那一整個夏天，史匹柏都一直和那些知名的導演編劇來往，所有人都將他看成是一名年輕的導演。事實上，史匹柏自己也確實每天都用一個導演的標準來要求自己。在與別人的交談中，史匹柏不斷學習、觀察並思考。終於，在他 20 歲那年，他成為了正式的電影導演，開始踏上征服世界電影人、觀眾的職業生涯。

史匹柏在自己的職業生涯開始時，幾乎沒有給自己留任何後路。當他知道，自己想要成為導演、想要拍出最好的電影時，就再沒考慮過別的什麼職業。在他拎著公事包走入那個製片廠時，他不可能知道他能夠成為世界上最成功的製片人，也沒有考慮過如果做不成導演自己還能做什麼。他就那樣義無反顧地走入了製片廠，在不懈的努力中，走向了自己的夢想。

當然，並不是一味的孤注一擲，就能幫助我們抵達夢想的彼岸。很多人看到了史蒂芬史匹柏不懈的堅持、明確的目標，就認為只要自己大膽地往前走，就能走出自己的道路。但結果卻是，大多數人走進了一條「死胡同」。史匹柏的故事不是告訴大家「傻人有傻福」。雖然只是一個晚上的時間，但史匹柏明顯對如何實現自己的目標，做過詳細的規劃。

要成為一名導演，有太多的方法，史匹柏可以安心地學習、努力考入電影學院，再從場記開始，一步步地做到導演。但這樣的路太慢，在那樣的年代，這樣的方法更是捨近求遠了。於是，史匹柏讓自己直接走入片場，去跟著那些真正的導演和編劇學習、交流，在短短的 3 年間，就成為他們中的一員，並憑藉 3 年的累積一鳴驚人！

職業規劃的前提在於認清自己，了解自己的想法、確定自己的夢想。自己到底想做什麼？要做到這些，自己又要走怎樣的一條路？自己的性格、能力、興趣怎樣？怎樣的職業、怎樣的路線適合自己？這些都只有自己才知道。每年都有「十大熱門職業」、「十大無用科系」的排名，但無論是多沒用的科系都會造就社會的菁英；而那些所謂的熱門職業中，更多的還是在底層苦苦掙扎的人。

任何職業都有高峰和低谷，任何行業都有領先和落後，從來沒有哪個行業或職業能夠永遠熱門，也沒有哪個行業或職業能夠讓所有人賺到高薪。從來沒有什麼職業是完美的，「熱門」、「高薪」行業年年在換，要跟著換卻是不可能的。即使真的能夠一直置身於「熱門」、「高薪」職業之中，「沒那個屁股就別吃那個瀉藥」！進入職場之前，最重要的就是設定好自己的指南針，找到最適合自己的職業。

個人職業修練 —— 職場「真功夫」

要想獲得高薪，讓自己成為「熱門」人才，從來不是從事某個「熱門」職業就能實現的。並不是說學政治、學考古、學圖書管理的，就一輩子拿不到高薪。無論是什麼科系，只要能夠鑽進去，憑藉自己突出的「商數」和專業技能，無論是怎樣的一條職業之路，都能夠引領人們到達夢想的彼岸。

商數是指算術除法中的結果，也就是被除數與除數的比值，當除數為固定數值而被除數為各種數據值時，商數就成了關於這些數據值的比較標準。我們平時所說的智力商數（IQ）、情緒商數（EQ）、創造力商數（CQ）、學習商數（LQ）、道德商數（MQ）、美麗商數（BQ）、逆境商數（AQ）、健康商數（HQ）、理財商數（FQ）等，都是由此延伸而來。要提升我們的個人競爭力，修練出職場的「真功夫」，我們就要從這 N 個「Q」上著手。

智力商數指的是一個人所具有的智慧和對科學知識的理解程度。很多人認為人的智商是天生決定的。確實，有些人天生就很「聰明」，對於新事物的學習速度更快、理解也更充分，但要知道，人類一生所用的智力往往不超過大腦容量的 1%。也就是說，透過後天的努力來開發自己的大腦，提高自己的智商，是完全可能的。很多人都認為，「現在的人比以前的人更聰明。」很明顯的一點是，相比於父輩或爺爺輩，這一代著實是「聰明」一些。這樣的成功離不開社會文明程度的提升和我們所汲取的營養更為豐富，但更多的是因為教育程度的提高讓人們能夠學習到更多的知識，進行更多的邏輯思維鍛鍊，所謂的經驗也能夠更快得到累積。「天才」在達成人生目標中，畢竟只占據 1%，更多在於所付出的努力，智力商數決定了人們對事物的理解和領悟能力，但也不能僅僅將之作為天分，而忽視對它的提升。

情緒商數在於每個人對環境和個人的情緒控制，以及對團隊關係的處理能力。一個 EQ 高的人，他必然能夠良好地控制自己的情緒和意識，很少會出現在壓力、挫折、憤怒或激動中失控的情況。另一方面，EQ 高的人也能夠更為妥善地處理人際關係，讓團隊合作更具效率。

在過去，很多人認為，一個人只要有了較高的智商和良好的情商，就能夠找到自己的舞台，活出自己的一片天地。但在 21 世紀，社會競爭越發激烈、環境變化也越發迅速，沒有良好的創造力，人們就很難適應這個多變的社會，並從中實現突破。創造力商數正是指一個人超越現狀、開創新事物的能力。很多人能夠在遇到難題時獨闢蹊徑；在生活中，不斷迸發各種新點子、好點子，正是因為他們具有更高的創造力和解決、整合問題的能力。在工業經濟時代，規模越大就越能賺錢；在資訊經濟時代，有技術的人總是「吃香」的；而到了創意經濟時代，只有在工作、學習中具備獨創性思想和創新性行為的人，才能獲得更強大的動力泉源。

學習商數則更像是智力商數的補充，它指的是人們不斷從外界環境獲取認知，並在邏輯思考中取得經驗的能力。確實，學習商數通常與智力商數有著極強的正比關係。學習商數高的人，能夠更容易地在後天學習中，開發自己的智力；而智力商數高的人，則在學習能力上有著明顯的優勢，能夠更具效率地學習。

「學而時習之，不亦說乎。」從古至今，學習的重要性就從來沒有被人們所忽視過！

憑藉著突出的 IQ、EQ、CQ、LQ，很多人能夠更快地實現自己的目標。但在這個越來越倡導和諧的社會中，我們的追求早就不僅局限於金錢與物質，道德才是我們之所以為人的本質所在。道德商數指的是一個人的內在本質部分，其更像是倫理學和哲學層次的命題。一個善良、正直的人總是能夠在職場走得更遠。現在人們越來越認同的一個觀點就是：IQ 高、MQ 高的是人才，IQ 高、MQ 低的是危險分子，IQ 低、MQ 高的是可造之才，IQ 低、MQ 低則無可救藥。美麗商數並不是指一個人的長相或身材，而是指人們對自身形象的關注程度，以及對美學和美感的理解力。不會有人將一個人的長相或身材作為評價一個人能力的標準，但是，人們在社交中的聲音、儀態、言行、禮節等細節，都是其美麗商數的直接展現，並關係著一個人在別人眼中的形象如何。著名商務形象設計師和人格諮商心理師英格麗．張，就曾經說過：「如果你穿錯了衣服，沒有人會告訴你；如果你不懂搭配，沒有人會告訴你；如果你頭髮不整，沒有人會告訴你。但是，人人都會看在眼裡，記在心裡，這些小節正在詆毀著你！」

逆境商數是指一個人面臨逆境時的反應。社會的競爭越發激烈，每個人或組織都可能陷入逆境，有些人能夠積極樂觀地面對逆境，將困難看作挑戰，越挫越勇之下反而更容易獲得成功；有些人則一遇到逆境就調頭逃跑，或抱怨、或逃避，或沮喪、或迷失，半途而廢之下只能一事無成。面對逆境的反應是否積極，就是逆境商數的高低所在。

健康指數不僅僅是指人的身體健康，也包括人的心理健康，以及對健康知識的了解和生活習慣等。健康是打拚職場的前提，沒有健康的身心很難應付高強度的生活壓力。要想身心健康，首先得了解健康知識，然後養成良好的生活習慣。在三者的相輔相成之下，人的健康指數才會得到提高。

理財商數當然就是形容人的理財能力。「你不理財，財不理你。」在時下，想要獲得更多的財富，不只需要懂得怎麼賺錢，還要學會讓賺到的錢增值。理財商數提供的就是這樣一個新的理念，在正確掌握財富和財富規律之後，利用這種認知幫助自己創造更多的財富。

在這樣一個高速發展的社會，想要在職場有更好的發揮，就不能僅僅局限於智商的提高，而要在各種商數的互動中，實現自己個人競爭力的整體提升。或許有些人天生就在某些商數上，表現出超出常人的水準，但他們仍然要兼顧其他商數，並堅持不斷地提升自己的個人價值。

作家葛拉威爾（Malcolm Gladwell）在《異數》（*Outliers: The Story of Success*）中指出：「人們眼中的天才之所以卓越非凡，並非天資超人一等，而是付出了持續不斷的努力。只要經過 10,000 小時的錘鍊，任何人都能從平凡變成超凡。」這就是時間管理中著名的「10,000 小時定律」。

人不是生來就能成為頂尖的畫家、運動員、技術人才的，沒有這 10,000 小時的錘鍊，所謂的超凡也只會變得平凡。英國神經學家丹尼爾（Daniel Levitin），也就此做過研究，他認為「人類腦部確實需要這麼長的時間去理解和吸收一種知識或者技能，然後才能達到大師級水準」。

達文西能夠成為成為世界上有史以來最偉大的人之一，並不是因為他天生就有多聰明。在他剛剛學習繪畫時，他每天的任務就是畫雞蛋。一天天、一年年過去了，他仍然在畫雞蛋，換著角度、換著光線地不斷練習，讓他的基本功極其扎實。也正是在這遠不止一萬小時的枯燥練習中，達文西才能夠進入藝術的最高境界。他不僅給我們留下了〈蒙娜麗莎〉、〈最後的晚餐〉這樣的名畫，在天文、物理、醫學、古生物、機械學等方面，達文西都有著驚人的成就。

達文西成為了一個傳奇或許離如今這個時代有些遠了。那麼，那些在我們身邊的人又是怎樣自我實現的呢？巴菲特能夠成為「股神」、比爾蓋茲能夠常年占據世界首富位置、賈伯斯能夠成為一代傳奇⋯⋯他們中有哪個沒有在自己的領域鑽研 10,000 個小時呢？

致勝職場，修練出職場上的「真功夫」，不是說說而已，也不是誰天生聰明、命好就能實現的。沒有日復一日的堅持，沒有全方位的自我提升，誰能夠在自己的職業生涯中創造「奇蹟」呢？

人脈管理 —— 職場「交友圈」

在如今的社會，人脈越來越重要。史丹佛研究中心發表的一份調查報告，讓我們對人脈能夠有個更直觀的認知。該調查報告的結論是：一個人賺的錢，12.5% 來自知識，87.5% 來自關係。

這個數據讓很多人感到震驚，且不管這一比例的真實性到底如何，人脈對於我們的職場的影響卻是沒人能夠忽視的！好萊塢一直流行著這樣一句話：「一個人能否成功，不在於你知道什麼（what you know），而是在於你認識誰（who you know）。」人脈，似乎已經成了這個社會通往財富、成功的入場券。血緣人脈確實是人脈管理中最直接、最有效，也最牢靠的人脈關係，但它更多的是被「注定」了的。每個人的人生中，唯一不能決定的就是自己的出身，既然在自己的血緣關係中沒有那麼多、那麼好的人脈，那麼何不自己發展出自己的人脈，在職場中創造自己的「交友圈」呢？其實，血緣人脈常常被排除在人脈管理的範疇之外，因為它實在是沒什麼好管理的，而人脈管理更看重的是我們拓展「交友圈」的能力。

人脈資源當然不止血緣人脈一種，地緣人脈、學緣人脈、事緣人脈、客緣人脈、隨緣人脈等，都是拓展人脈關係的有效途徑。然而，很多人都懂得人脈的重要性，可是事到臨頭人們卻往往感到「沒人可用」。有時候，很多人會驚奇地發現，「看不出高中時的邊緣人居然這麼有才幹！」「原來那個同事是老闆的姪子！」「上次聚會的那個陌生人竟然是那個公司的總經理！」

確實，那些所謂的人脈就在自己身邊，卻不在自己的「交友圈」中。

其實，只要認真去做，拓展人脈關係的方法有很多。沈小姐的孩子已經 3 歲了，她是一個小團隊的主管。經常加班工作，回家還要帶孩子，她似乎總是很忙。奇怪的是，每次有社交活動時她都會欣然答應下來，也很少會爽約。有時實在不巧與另一個聚會衝突了，她也會回答：「正好我約了 ××，你不介意的話，我們就一起聚聚吧！」她熱衷於參加各種聚會，也正是因此，她的交友圈一直在不斷地擴大之中……

所有認識小陳的人，都覺得他是個「人才中心」，似乎無論什麼事找到他，他都能找到人提供幫助。其實，這和小陳的一個社交習慣不無關係，從進入社會開始，小陳基本每週都會約上三五好友出來相聚。而且，他總是鼓勵大家帶上一個陌生的朋友來參加聚會，就這樣，三五人的聚會往往變成十幾個人的聚會。小陳倒並不是出於什麼功利的目的，他喜歡交際，也喜歡認識朋友。對他而言，既然能和自己的朋友成為朋友，那麼，那個人就肯定能和自己成為朋友。而每次都能結交新朋友也讓他感到很開心，就這樣，他成了「人才中心」般的人物。

人脈管理其實是很輕鬆的過程，交友能讓人們很好地放鬆自己，也能從中汲取更多的知識、擴大自己的朋友圈。但很多人把人脈管理看作一種任務，在社交中，他們常常感到不自在，而寧願宅在家裡，在公司也是埋頭做自己的事。

要拓展自己的職場「交友圈」，首先要有自信，能夠在不同的場合，以更加自在的方式享受其中；其次，良好的溝通能力也是必需的，坐在角落玩手機可不叫社交；最重要的是，得提高自己的價值，並懂得向他人傳遞自己和他人的價值。

人脈管理其實是一個以付出換取回報的過程，在付出的時候，不用考慮「交友圈」可以給自己帶來什麼，幫助別人其實也是一種樂趣，將分享作為一種習慣。久而久之，別人也願意幫助自己、與自己分享資訊或利益。

從一個更加功利的角度來說，人們必須要讓自己有「被利用」的價值。既然很多人把人脈關係看得那麼「罪惡」、那麼「勢利」，那就不妨讓自己也勢利一些。如果沒有「被利用」的價值，又怎麼能奢望別人願意被自己所「利用」呢？這裡的價值並不只是指錢或權，或豐富的人脈，有時候，快樂、樂觀、分享也是一種價值，別人在與這樣的人相處時，可以感受到更多的快樂和安全感，他們自然願意與之相處。有學者說：「你要想知道你今天究竟值多少錢，你就找出身邊最要好的 3 個朋友，他們收入的平均值，就是你應該獲得的收入。」當然，人們不必將金錢作為衡量自己價值的標準，但它對於衡量一個人的人脈管理能力，確實更為直接。

常言道：「10 多歲比智力，20 歲比體力，30 來歲拚專業，40 歲拚人脈。」在這個人與人之間越來越陌生的年代，讓職場成為自己的「交友圈」，才能讓越來越多的陌生人成為熟人。

第 08 章
財 —— 理財時間管理

獲取經濟資訊

對很多人來說，經濟是一門枯燥的學問，那些能夠對經濟高談闊論的人，總被人認為有些脫離生活。似乎只有能夠對某韓星的星座、某美劇的情節脫口而出的人，才被認為是融入生活的。然而事實卻是，人們的生活永遠離不開經濟，它才是能夠經世致用的一門學問。

其實，經濟學是最關注於生活的學科之一。在生活中，大到銀行貸款、小到菜場買菜，經濟學融入於每個人生活的每一個環節之中。很多人總是會聽到 GDP（Gross Domestic Product，國內生產毛額）、GNP（Gross National Product，國民生產總額）、PDI（Personal Disposable Income，個人可支配所得）、CPI（Consumer Price Index，消費者物價指數）這樣的專業名詞，當看到新聞裡又報導上個月的這些指數上漲或下降了百分之幾時，卻很少有人想過，這些數字對於我們的生活意義何在。

就拿 CPI 來說，CPI 是消費者物價指數，反映的是「與居民生活有關的商品及勞務價格統計出來的物價變動指標」。也就是說，CPI 反映的其實就是物價的變動情況。

如果只是看數字，很多人對於 CPI 或許沒有什麼直觀的感受。但回到生活中去，很多人對消費己經越來越「挑剔」了，在以前可以「不管了先買再說」，如今卻要「挑三揀四省著花錢」。人們錢包裡的錢似乎變多了，可是它們似乎更「不禁花」了。這就是 CPI 上漲的含義 —— 物價上漲了、鈔票貶值了。

其實，常逛菜市場的人會發現，2 月的很多菜都比之前便宜了一些。但生活並沒有因此變得簡單一些，菜價下降了，衣服卻漲價了，往常冬天的外套只需要 1 ～ 2 千，而現在卻動輒上 3 ～ 4 千；醫療也漲價了，教育、出遊、餐廳，每樣東西都在漲價。

有些人單純地將 CPI 上漲看作物價上漲了，認為當 CPI 下降時，物價就會有所回落。但是，CPI 除了衡量物價指數之外，同時也是通貨膨脹率的重要指標。只要 CPI 還維持在高位，人們的生活壓力就不會有明顯的下降，尤其是對低收入者而言。通貨膨脹是什麼？以前 500 塊錢可以買滿滿一車東西，現在只能買那麼幾樣；以前可以買五六斤蘋果的錢，現在只能買三四顆……這就是通貨膨脹，人們的錢不值錢了！

口袋裡的錢多了，能買到的東西卻更少了。對於高收入者而言，這或許沒什麼區別，事實上，CPI 過高的受益者正是這些高收入者，因為他們有更多讓「錢生錢」的辦法，口袋裡有更多的錢，就意味著，他們能賺到更多的錢。而對於低收入而言，生活還不如以前。根據一項調查，「成年人每天需要攝取熱量 2,600 大卡、蛋白質 72 克」。可是據統計，低收入者每天所攝取的營養中，熱量僅有 1,709 大卡，蛋白質也只有 42.5 克，而且相比往年，這兩個數字都有所下降。這一結果與 CPI 不斷成長、貨幣購買力不斷下降，手裡的錢越來越不值錢、能買到的東西越來越少不無關聯！

為了應對 CPI 上漲壓力，各國央行採取了升息、提高存款準備金等一些手段。很多人在新聞中看到這樣的訊息，會感到由衷的開心，因為他們認為自己在銀行裡的錢能得到更多的利息，銀行裡的錢也更有保障了。但事實卻與之相反，2023 年 3 月，臺灣銀行活期存款利率是 0.58%，一年期的定存是 1.56%，而當時的 CPI 指數年增率為 2.35%。這就是說，在銀行存一年的錢，不僅不會讓自己賺到更多的錢，反而會虧損！再來看看提高存款準備金，央行讓商業銀行把更多的錢留在銀行裡，似乎市面上流通的錢少了，錢就會值錢一些了。但實際上呢，錢並沒有更值錢；另外，由於商業銀行要留在銀行裡的錢變得更多，它們能貸出的錢就更少了，人們的貸款難度、成本反而增加了。

經濟對於生活的影響最為透澈，每個人的生活無時無刻不在與金錢打著交道，而經濟正是關於金錢的學問。英國文豪蕭伯納（George Bernard Shaw）就曾說過：「經濟學是使人幸福的學問。」經濟學從來不是一門冷冰冰的學問，它沒有那麼高的門檻，經濟資訊也不只是一個個單調的數字，每個數字都是那麼的有趣。

時間是最可貴的資源，而金錢則是最直接的衡量標準。要提高時間管理的效率，其實也就是讓自己的時間更值錢。而無論是在日常生活中，還是在現代社會生產和再生產的過程中，經濟資訊都占據著重要的地位。尤其是在資訊時代，經濟資訊更是現代經濟發展、生活工作中不可或缺的一個要素。

很多人都會在走入社會後，選擇創業的道路。身為一個創業者，他們當然都有著自己的一技之長，也只有這樣，他們才能在創業中，讓一技之長發揮出最大的效益。而除此之外，他們也會實時地了解經濟資訊來幫助自己更好地走在創業之路上。

在資訊時代，誰掌握了更多的資訊，誰就能走在時代的前端。而對於企業發展而言，資訊的作用尤其重要。對於經濟資訊，企業家更應主動、積極地去獲取更多。無論是總體經濟政策，還是行業經濟指標，都對企業發展有著重要的影響。正是那些隱藏在數字背後的經濟資訊，往往代表著經濟活動的發展趨勢，並預示著行業和政策的趨向。事實上，正是因為經濟資訊所帶來的預測功能，很多人才能夠在創業之路上，根據過去的行業和經濟環境資訊，對未來的發展做出準確的判斷，從而獲得市場先機。

無論是企業管理、生活管理，還是時間管理，不斷地制定和調整方案都是必要的，只有這樣，管理才能適應時代發展。而在這樣的決策過程中，經濟資訊更加至關重要。如果不能充分地獲取資訊，並科學地分析這些資訊，就很難設計出一個合理、可行的執行方案。

在資訊科技已經高度發達的今天，人們想要獲取經濟諮詢實在是再簡單不過了。開啟一個網頁，或者開啟各種經濟頻道，就能看到最新的經濟資訊，也會有詳細的分析。而人們所要做的，只是在獲取這些經濟資訊之後，在多方求證下，證明資訊的真偽；在相互對比和自己的判斷中，找到最切合實際的分析；從而為自己的生活制定出一個完善的管理方案，讓自己的每一分錢、每一分鐘，都能創造出更大的收益！

適當理財和投資

隨著年齡的增長，「錢總是不夠花」的狀況也越來越明顯。買車、買房、養兒育女，太多的開銷讓我們每天都在追著錢走。在這樣的生活壓力之下，適當的理財和投資是必須的，所謂「你不理財，財不理你」，一味地花錢只會讓錢越來越「不夠花」。

無論多少，大多數人的手裡其實都是有點存款的，但如果單純地將之存在銀行裡，在較高的 CPI 水準下，錢只會越來越「不值錢」。一名銀行理財經理表示：如果你已經有了一定的存款，建議讓它動起來，因為錢存在儲蓄帳戶裡不動的話，那點利息都跑不贏通膨，不如看準機會，適當投資一些理財產品。

在以前，理財似乎離人們很遠，而只是幾年的時間，就讓理財離人們如此至今。當今的金融市場，為大家提供了太多的理財產品，每個人口袋裡的幾百、幾千塊錢都變得前所未有的「吃香」。在這樣的市場機遇下，如果大家還把錢放在銀行做儲蓄，或者直接花掉，那無疑是相當不明智的。

當大家有了一定的積蓄之後，可以去銀行或基金公司，選擇兩三款基金產品作為投資。不需要去購買太高風險的理財產品，買一些保守一點的基金，堅持之下，積少成多，也能避免錢在手裡貶值。尤其是在網際網路理財產品發展得火熱的當下，只需要一塊錢就可以做理財，而且隨存隨取，較高的收益，也能夠讓大家輕鬆「跑贏」通貨膨脹。

如果這樣小額、靈活的投資理財形式還無法斷絕大家「大手大腳花錢」的習慣，不妨購買一些返本型的保險產品。既可以當做一種強制儲蓄，也可以為自己的身體保險增加一份保障。

相對於其他投資理財產品，保險產品有著它自己的優勢，尤其是一些月繳型的保險，每當薪資發下來，投資者就必須將現金流中的一部分投入到保險中去，這就讓「手癢、奢侈」成為了不可能。由於購買這種保險時，如果要提前退保，投保者就會損失大量的保費，大家就會一直按時繳納直到到期。而一旦投保人發生什麼意外或疾病，這種保險也會給予投保人不小的一筆保費，作為生活保障。

大強今年已經 27 歲了，他與妻子在外地辛苦地工作打拚著，但二人住的房子也還是租的。如今，二人已經結婚兩年了，想要生下一個自己的孩子，為了讓孩子能夠出生在自己的房子裡，兩口子正在考慮買房的事。

大強在一家上市公司工作，每個月扣除勞健保之後，還有 30,000 元的收入，年終獎金也能拿到 15 萬元。他的妻子在一家小公司工作，每個月扣除勞健保，還能拿到 20,000 多元的薪資。兩人都購買了一份保險，大強的那份每年保費 30,000 元，妻子的那份則是 20,000 元。兩人每個月的房租是 10,000 元，每月生活費開支為 15,000 元左右。另外，夫妻倆的共同帳戶裡己經存有 10 萬元了，每個月還有 6,000 元的入帳，戶頭裡也有 20 萬元的存款。

這點錢自然是不夠買房的，即使是以非直轄市郊區的房價每坪 20 萬元計算，一間 30 坪的公寓也需要 600 萬元。由於是預售屋，大強貸款買房，首付只需要 30%，也就是 180 萬元。選擇 20 年的房貸，每個月就需要還款約 22,000 元，每年在房貸上的支出為 264,000 元。如果再算上生孩子之後，每個月增加的支出，大強的家庭財務狀況實在是不容樂觀。

大強想到自己老家的那間舊公寓，本來是父親買給自己住的，但自己要在外地定居，那屋子自然是沒用了。那間價值 400 萬的公寓，現在出租給別人在用，月租金 10,000 元，另外，為了買這間公寓，還有 100 萬元的貸款未還。

簡單地計算一下，大強夫妻倆每年的總收入：大強薪資與年終獎金 51 萬元＋妻子薪資 24 萬元＋房租收入 12 萬元＝ 87 萬元；而每年的總開支為：房租 12 萬元＋生活費 18 萬元＋保險費 5 萬元＝ 35 萬元。也就是說，不計算其他收支的話，大強每年家庭淨收入為 52 萬元。

首付的 180 萬元，似乎只能把老家的房子賣掉才能支付。而

52 萬元的年收入要應付房貸和養育孩子的支出，當然是足夠的。然而，夫妻倆的收入其實是固定的，即使薪資會有上調，也不會太多，但支出卻有很大的不確定性。雖然重大意外、疾病都可以用保險應付，但雙方父母年紀已經不小了，還需要夫妻倆的照顧，新房裝潢也是一大筆開支，這些都讓大強感到頭痛。

在這種情況下，適當投資理財是必須的。大強可以先把老家的公寓賣掉，得到的 400 萬元，自然要先還清家裡的債務 100 萬元，就還剩 300 萬元，再加上幾年來的存款，大強總共就有 320 萬元的存款。

其中 20 萬元可以購買六年期的儲蓄險，以應付孩子將來的學費。而剩下的 300 萬元，則需要留出 50 萬元作為流動資金，應付各種生活開支。另外，還要為雙方父母買一份保險，以防遇到意外或疾病，以 3 萬元一份計算的話，每年就是 12 萬元。

這樣算來，大強的閒置資金就只剩下了 238 萬元。而對於首付和裝潢來說，這筆錢顯然是不夠的。這時，大強可以用 20 萬元購買保本型基金，盡量挑選投資報酬率 10% 以上的保本型基金。另外 8 萬元也可以買些黃金作為保值、增值的手段。而 10 萬元的流動資金也可以放入網路理財產品中，隨時取用之外還可以收到 6% 左右的投資報酬率。每個月兩人共有 50,000 多元的薪資收入，大強可以每月將其中的 10,000 元用於基金定期定額。

本來賣房之後的 300 萬元加存款，以及一年的收入，大強只能勉強應付首付和裝潢的錢。但經過這樣的投資理財，一年之後，大強不僅能夠輕鬆付出首付，也不用「掐著手指頭」做裝潢，還能夠為雙方父母都買份保險，子女未來的教育基金也已經存了下來。本來「瘦巴巴」的口袋，似乎一下變得厚實了起來。

在這個競爭激烈的社會，生活成本也在不斷升高，但豐富的投資理財產品可讓資產保值增值的手段變得多樣。在這種情況下，如果大家還是只知道將錢存在銀行裡，隨意花錢，那麼，所謂買房、買車、生兒育女的計畫就永遠無法實現！

「錢總是不夠花的！」然而，如果大家能夠對自己的財務狀況進行詳細地分析，在自己力所能及的範圍內，從長、中、短期的角度，適當地做些投資理財，那麼，大家手裡的錢就會越花越多，最終會發現錢總是花不完的！

花錢的理念

要說怎麼花錢，大概很多人都會一笑置之：「花錢？誰不會！」確實，花錢很簡單，在這個商品經濟極度發達的年代，要把錢花出去實在太簡單了。但要怎麼把錢花好？讓花出去的錢產生更大的效益，卻著實是一門學問。

「該花的要花，不該花的堅決不花。」很多人都明白這個道理，但到底什麼是該花的？什麼是不該花的？很多人很難明白其中的道理，從時間矩陣中來看，A 類、B 類事情更值得我們花錢，因為這類事情更重要，對於它們，我們不僅要投入更多的時間，也要投入更多的金錢，才能讓目標的實現更為迅速。

一位富翁說過：「窮人之所以窮，並不是因為不會投資，而是因為不會花錢。」投資說到底也是花錢的一種形式，無論是投資理財還是投資教育，它們都能達到同一個結果，讓「錢生錢」，讓自己離目標更近。投資無疑是最聰明的花錢方式，正如理財專家所說的，「理財中最容易犯的錯誤並不在投資上，而是在花錢」。

想讓自己擁有足夠的金錢其實很簡單，要麼增加自己的收入，要麼減少自己的支出。然而，很多人都將目光投入到了增加收入，也就是賺錢之上。確實，能賺錢的人能夠獲得更多的錢，但如果不加節制、不能聰明地花錢，賺來的錢就會永遠不夠花。

在那些富人的發家階段，很多人其實並沒有多高的收入；而那些收入高出他們很多的人，卻反而沒能成為富人！為什麼呢？因為那些收入高的人，欲望更高、支出也更多，賺 3,000 元的時候，他們能花 10,000 元；賺 30 萬元的時候，他們能花 100 萬元！賺來的錢沒有用於累積，也沒有用於投資，在這樣一個年代，花錢太簡單了，買幾件奢侈品牌的衣服就是 10 萬，去澳門、美國拉斯維加斯轉一圈，把 4 層樓的別墅裝修的更豪華一些，花 100 萬實在是輕輕鬆鬆的事！

錢花出去了，除了給那些人帶來一時的享受，沒能帶來其他任何收益。他們的花錢就是純粹消費而不是投資，自然也沒能讓錢生出更多的錢來。然而，看看那些真正富有的人吧！他們從來不會讓自己過得那麼奢侈，他們賺 3,000 元，就不會花 3,100 元！

量入為出是很多人發家致富的首要前提，他們多數是根據收入衡量支出，而不是利用信用卡、貸款來「透支未來」！

「因為賺得多，所以富有」這是很多人的理念，但這卻是相當片面的。要知道，賺得多的人並不一定能累積下來，這樣的人並不在少數。有的人是「富二代」，繼承了大筆遺產之後卻很快坐吃山空三餐不繼；有些人企業倒閉了，卻能夠很快東山再起再創輝煌;有些人拿著上百萬的年薪，其積蓄甚至不如普通的人家。

「因為會花錢，所以富有」這才是致富的真理所在。怎樣叫花錢？開源節流是花錢最重要的理念。不僅是花錢，對於手頭上大部分可貴的資源，開源節流都是必須的。要知道，花錢有時候花出去的不僅是金錢，也是時間。有些人下班之後喜歡去「泡夜店」，他們花出去的並不只是動輒上千，甚至上萬的酒錢，還有一個晚上乃至通宵的時間；有些人下班之後去健身、去學習、陪家人朋友聊聊天，他們沒花什麼錢，卻讓自己的身體更加健康，知識、技能更加豐富，人際關係更加深厚，情感也得到了釋放。

如何開源？對不同的人，有不同的路。兢兢業業地工作、穩紮穩打地學習、抓準時機地創業，都能夠讓收入得到成長。而無論是對怎樣的人，節流都是相同的。「由儉入奢易，由奢入儉難」，富有，並不是看你每個月賺了多少，而是在於你每個月剩下多少。或許你每個月只賺 3,000 元，但如果能存下 300 元，長此以往，那就是你的財富之源。

英國小說家狄更斯有一部著名的小說《塊肉餘生記》，他在其中這樣寫道：「賺 20 英鎊，花掉 19.9 英鎊的人，留給他的是幸福；賺 20 英鎊，花掉 20.06 英鎊的人，留給他的是悲劇。」節省也是一種賺錢的方式，大家都知道，賺錢很辛苦，而且往往不受自己的控制；但省錢卻不同，這種「賺錢方式」是自己可以控制的。節省其實就是賺自己的錢，如果連自己的錢都賺不到的話，賺別人的錢更是妄談了！

在哈佛大學的第一堂經濟學課上，他們一般只教兩個概念，其中之一就是花錢。每個人、各種事都要花錢，但花錢必須要明確其是投資還是消費。這樣的區分說起來似乎很難，但看看結果，卻很容易區分。

甲和乙手上都有 300 萬元，甲買了一間房，乙買了一輛車。3 年後，甲的房子市值已經達到了 750 萬元，而乙的車子只值 80 萬元。甲將這間房子租了出去，並和乙一樣仍然在努力賺錢。又過去 5 年，在這 5 年裡，光是房租甲就收入了 150 萬元，而乙每年都要投入 10 萬元在車子的保養上。

同樣是 300 萬元，8 年之後，甲的 300 萬元已經增值到了 750 萬元，還創造了 150 萬元的收入；而乙的只剩下了 80 萬元，如果扣除保養費，乙的 300 萬元已經消耗一空。為什麼同樣的 300 萬元，僅僅過去了 8 年，卻相差這麼大？這就是花錢的智慧，就是投資與消費的區別所在。

買房是投資、買車是消費，房子會增值、車子會貶值，這一道理其實很簡單，很多人都知道。但到了其他環節上，人們就

「想不開」了，又分不清投資和消費的區別了。而很多人之所以能夠成為富人，正在於他們懂得花錢，能夠讓更多的錢投到投資中去，而不是僅僅用於消費。

大多數人之所以無法致富，正在於其不懂得花錢。有些人會提出疑問：「我每個月就賺那麼點錢，買菜、買米，付房租、水電費，還能剩多少？怎麼投資？」那麼，大家不妨假設一下。如果你是一個億萬富翁，你佩戴的手錶是幾千塊的，還是幾十萬的？你會穿普通襯衫、西裝，還是亞曼尼、凡賽斯？手中一枚硬幣掉到地上，你會彎腰撿起來嗎？你會把餐桌上的食物吃乾淨嗎？不管你會不會，有一個人會，他年收入超過百億港幣，他就是李嘉誠。

巴菲特的一個錢包用了 20 年，住的房子是 1958 年買的；比爾蓋茲不願支付貴族停車場的高昂停車費，而把車停在了一個街區之外；俄羅斯前首富米哈伊爾．普羅霍羅夫（Mikhail Prokhorov），住在 14 坪的房子裡；台塑集團創辦人王永慶，會把牙膏、肥皂用到最後……

花錢是很容易的事，很多人抱怨錢不夠花，卻沒有想過自己有沒有把錢花在實處。很多人月收入不過萬元，不願意打包剩下的食物，認為丟臉；不願意擠掉最後一點牙膏，覺得麻煩；只是三口之家，卻要住在 60 坪的房子裡，買高級的家庭影院，穿昂貴的奢侈品牌服裝，戴幾萬元的手錶，一頓飯動輒上千……

要致富，首先要會花錢。開源或許有難度，節流卻在舉手之間！有時候，花出去的只是不多的金錢，卻浪費了更昂貴的時間。節儉不是不懂得享受生活，而是用理性的態度對待生活；節儉不是「小氣」，而是讓自己的每一分錢、每一分鐘，都用在實處。賺錢或許很難，消費卻很容易；時間十分可貴，流逝得卻那麼快。

打理副業

很多人在職場上都面臨著這樣的困境，即使是企業管理層也同樣如此 —— 薪資不高，卻要應付房租、水電、餐飲等各種生活開支。收入太少，支出太多，打理副業就成了「無可奈何」的選擇。一份副業，不僅能帶來可觀的「外快」，貼補家用，也能避免自己成為「月光族」的一員。

一份調查報告中顯示，98.8% 的受訪者會主動尋求工作以外的副業。也就是說，幾乎所有的人都會尋求自己的副業。但另一方面，有 46.7% 的人認為，一旦公司知道自己從事副業，升遷、加薪都會受到影響。

其實，之所以要從事副業，很多人都是為了錢，在該調查報告中，有 67.7% 的人明確表示，打理副業是為了「增加收入」。但是，副業能帶來的並不只是金錢上的收入，主業無疑是職業規劃中最重要、也最緊迫的一環，但從副業之中，很多人都體驗到了新事物，也體驗到了創業的樂趣，其學到的知識能更有效地轉化到主業之中去，形成互助。事實上，雖然 67.7% 的受訪者都將副業作為增加收入的來源，但也有 8.3% 的受訪者認為從事副業是為了「體驗創業」，還有 14% 的受訪者認為副業是「嘗試新事物」的一種管道。

25 歲的小晟在一家管理顧問公司從事調查和分析工作，他也有自己的副業，那就是經營網拍。事實上，根據小晟的描述，他在網拍的收入已經遠遠超過了現在的薪資。在一次與客戶的交流中，小晟意外地獲得了一個進口食品的進貨來源，透過這個來源，進貨成本能夠比其他人低上 20%。小晟覺得這種機會必須要把握，於是，他開了一家以銷售進口食品為主的網路商店，而其食品售價也平均比同業低上 10%。

由於價格上的優勢，小晟的網拍生意非常好，每個月的營業額都能超過 10 多萬元，為他帶來至少 5 萬元的利潤。隨著網拍規模不斷擴大，小晟一個人已經忙不過來，於是，他又應徵了幾名客服，網拍的生意也越來越趨向正軌。有次問小晟對這個副業的想法，他直白地說：「這個網拍經營起來當然是一種興趣，也是一次有趣的體驗，但主要還是為了增加收入。如果不是有這麼好的利潤的話，我也不會一直做下去。」「至於以後嘛，我還是會一直做這個網拍，畢竟收入不小。實在忙不過來，我也會再徵幾個人。但公司裡的工作才是我的正職，我在考慮把這個網拍完全交給別人打理，每個月給我點分紅就好。」

章先生做的是文案撰稿工作，也正是因為這樣的工作性質，章先生經常能得到為其他公司撰稿的「兼職」機會。對於章先生來說，這些「兼職」就只是簡單的賺些「外快」，每次兼職都能為他帶來一兩千元的收入。而且，這樣的「兼職」時間也很靈活，工作忙的時候就少接或者不接，閒的時候則能多接幾單。

劉大哥任職於一家電腦公司的維修部門，每個月五萬多的收入也算不錯。但劉大哥的目標卻不僅於此，他想要成為更專業的技術人員，然而，培訓課程、電腦裝置等都需要大量資金的投入。劉大哥一直被親戚、朋友當做免費的電腦維修人員，過了一段時間，劉大哥看到了電腦維修這片廣闊的市場，做起了電腦上門維修的「兼職」。在晚上或假日，劉大哥會接幾單距離比較近的客戶的生意，每次上門維修能賺個幾百塊錢，既不影響自己的培訓課程，也能應付學習開支。雖然多接單多賺錢，但劉大哥知道，自己並不只是為了賺錢，只要能應付學習開支就好。當獲得了幾次晉升之後，劉大哥就放棄了這種「兼職」，有了充足的資金，劉大哥決定更專心地鑽研技術。

當然，對於公司的人力資源管理者而言，職員大多數有副業的情況，實在是讓人頭痛。而對於職員來說，「兼職」其實是職場上的大忌，一旦被公司發現，輕者影響升遷與加薪，嚴重的甚至會被辭退！也正是因為這樣的原因，很多人雖然有著自己的副業，但在職場上，卻會跟同事保密。而根據調查，一旦副業的收入達到主業的三倍甚至更多時，80% 的人會選擇辭職，將副業變為主業。

儘管如此，多數人還是會以主業為主，畢竟，這些副業並不能持久地為我們帶來較高的收入，而且其成長空間大多有限。在一篇調查中，關於「當副業與工作發生衝突如何處理」這一問題，只有 12.5% 的人會選擇「辭職後主營副業」，而 27.2% 的人會選擇「停止副業專心工作」，更多的人則會選擇「主副兼顧」，也就是僱人來幫助自己打理副業，就好像小晟那樣。

主業畢竟是職業規劃中最重要、最緊迫的事情，在職業規劃中，透過不斷的加薪、升遷，能夠獲得的並不只是金錢這樣的物質收入，還有自我實現這樣的精神成就。而精神成就，往往是副業所無法帶來的。因此，打理副業的一個必然前提就是不影響主業。這裡的不影響主業，並不僅僅是指那 8 小時的工作時間，還有為促進主業發展所需的學習時間。如果脫離了這樣的前提，打理副業並不是什麼好的選擇。

打理副業為大多數人帶來的還是收入的增加，也就是說，很多人是為了錢來打理副業。這當然是出於生活的壓力，有限的薪資無法應付生活的各種開支，大多數人都需要一份副業來緩解這種矛盾。然而，由於工作經驗、職業技能的不足，薪資較低是必然的。在這種情況下，最重要的還是透過不斷學習來增強自己的職業技能，並在團隊合作中學習別人的工作經驗，從而實現自己的晉升與發展。如果一味趨利，因為副業較高的收入而忽視甚至放棄工作，只會使自己的職業生涯規劃陷入混亂，工作經驗、職業技能都無法得到有效提升，未來的職業晉升就會成為難題，人生道路也會變得狹窄。

從收支矛盾上來考慮，打理副業是有必要的；但從個人的長遠發展來看，打理副業的前提是在主業上投入了足夠的時間和精力。而最好的副業，就是能為主業提供幫助的職業。如章先生的撰稿工作，由於他的主業就是文案撰稿，當有充分的時間和精力的情況下，做一些撰稿的「兼職」，既能為他帶來一些「外快」收入，也能幫助他提升自己的專業技能，並在工作外增加自己的工作經驗。而更合理的副業方式則是劉大哥那樣「拿得起放得下」，讓副業為主業提供動力，當其動力有限時則果斷放棄。

在調查中，當副業收入超過主業薪資時，只有 8.8% 的受訪者會堅持在主業上集中精力，80% 的人會選擇放棄主業。這樣的選擇無疑是有很大的隱患的，尤其是對那些處於職場專業累積時期、事業剛剛起步時期的年輕人來說，做好的職業規劃被放棄了，最終或許是「因小失大」，副業也成了「泡沫」。對於收入與職業之間的關係，大家必須以更加長遠的眼光去看待。

下篇

知者明，行者智

知道時間管理理念和方法的人是明晰的，但知行合一、積極實踐和應用的人才是真正智慧的。

「山居者知山，林居者知林，耕者知原，漁者知澤；不聞不若聞之，聞之不若見之，見之不若知之，知之不若行之。」知道了時間的珍貴，了解了時間管理的理念還不夠，真正需要做的是行動和實踐。本書的最後部分，與大家分享一些時間管理的行動技巧。希望讀者可以做到知行合一，真正體會到時間管理帶來的變化，優化、充實每一分每一秒，從容掌控自己的時間。

第 09 章
看得見的職場達人，看不見的時間達人

會者不忙

在這個物質極為豐富的年代，每座城市都像是極速運轉的機器，從白晝到黑夜不停歇。當周圍的環境處於一個高度膨脹的大氣壓之下的時候，生活在其中的人們就如同被迫裝上了發條，每日每夜一刻也不能停歇。在上下班擁擠的捷運上幾乎每一個人都是一臉倦容，時常可以看見倚靠在扶手上睡著的西裝革履的業務員、面無表情眼裡都是血絲的學生，就連年過半百雙手提著許多購物袋的中年婦女的臉上也寫滿了疲憊。

很多人起床的第一件事就是抱怨累！累！累！上班累、賺錢累、生活累，就連吃飯也會發出嘆息。但是絕大部分人只會抱怨，然後會反感，之後會越來越累，直到崩潰。其實國小的數學課就教過人們怎麼節省時間，提高效率：在燒水的 15 分鐘裡，可以洗衣服、做飯等。人們手中的時間總是零碎的，因為每天都有各種事情出現，也有許多事情需要按部就班地去完成。因此就會造成要做的事情太多卻無從下手，什麼都做一點卻什麼都沒有完成的情況。

然而，在生活中卻常常有另外一些人，他們每天都光鮮亮麗，人們埋頭苦幹的時候他們在喝著咖啡享受陽光。別誤會，他們並不是什麼都不做、只懂得享受的「啃老族」。相反，當你問及他們工作進度的時候，會驚奇地發現，你正在糾結或者剛辦一半的事情，他們已經高品質高效率地完成了。這些人並不比一般人聰明，他們之所以能省出時間從容地喝咖啡，是因為他們懂得安排時間，懂得安排事情。這就是所謂的「能者多勞，會者不忙」，如圖 9-1 所示：

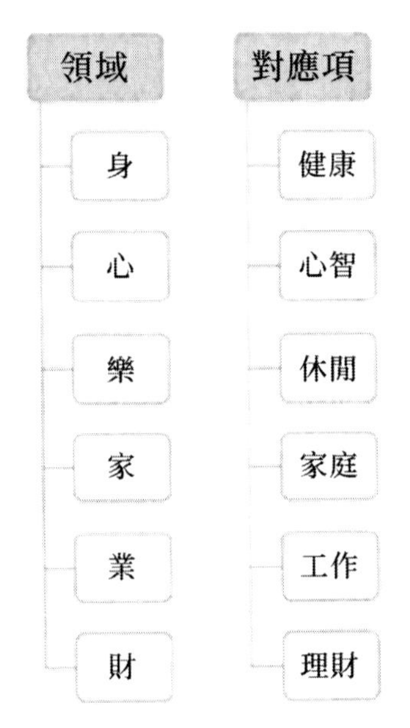

圖 9-1 時間管理涉及的領域

並不是所有人天生就會安排時間和做事順序，並能井井有條地完成的。那麼那些「會者」是怎麼練成的呢？很多人過分糾結於選擇省時省力的方法，但永遠都處於選擇的階段而不敢嘗試。

事實是，千萬不要花太多的時間注重方法、工具，這些都是為了讓自己更高效率地完成任務的輔助措施，不要本末倒置而適得其反，越簡單越好。

盡量做到「今日事今日畢」，無論中間發生了什麼事，都要盡力完成計畫在今天完成的事。每天都會有安排之外的事情發生在我們的生活中，這本來就是生活的真面目，人們必須學會不被這些「意料之外」的事情打亂自己的節奏。如果無法正確地處理這些事情，就會不斷地把計畫拖延再拖延，最終會進入一個惡性循環。堆積的事情越來越多，最終會找不到頭緒下手，然後背上的包袱會越來越重，直到無法承受，很多人因此選擇了放棄，不斷地開始不斷地結束。

最好的方法就是逼自己一把，每天挑計畫列表裡最不想做的事情先做。如一個很不喜歡英文的學生，每天早晨起來的第一件事是背 20 個單字，反覆幾次直到熟記。每天堅持這樣，最終他會形成習慣，如果有一天因為一些事情沒有將單字背掉，反而會覺得不舒服。人都有慣性，懶惰有慣性，勤奮也有慣性。而生活中很多人選擇了前者，也就是我們所稱的「宅男宅女」們，他們長年足不出戶，所有的一切全靠這個社會發達的服務業。這部分人的初衷一定並非如此，沒有人對這個社會和世界的初衷就是在窗簾緊緊拉著的房間裡，躺在床上對著電腦度過年年月月。他們的生活之所以走到這步田地，一是因為惰性，二是因為失去了合理安排時間的信心和毅力。

所以可以推測，即使是「會者」也是經歷了一段時間的煎熬去適應自己做「會者」這件事情，直到形成習慣。當身體裡的「勤奮小人」打死了「懶惰小人」的時候，就是變成「會者」的時候，最黑暗的時候也就是離光明最近的時候，描述的正是這種感覺。這也就是為什麼「優秀的人會一直優秀」的原因，因為他們已經習慣了保持優秀的狀態。就像每天堅持跑步的人，從 1 公里開始跑，一直跑到 5 公里、10 公里。一開始可能會心跳加速、呼吸困難、耳機裡的歌一點也聽不進去，只能感覺到小腿的鈍重感。就如同參加馬拉松的運動員賽程過半的時候就是身體上最難受的時候一樣，如果此刻咬牙堅持下去了，那種身體上的不適應會慢慢消失，此後的加速和衝刺會充滿力量和篤定感。這也就是習慣了長跑的人，每天跑步的時候會非常的放鬆，整個過程結束後會感覺從頭到腳煥然一新的原因。

如果仔細觀察身邊的「會者」就會發現，幾乎所有的「會者」都具有這樣一個特點，那就是免打擾時間一定不可以被打擾。例如，一個人每天必須有 1 個小時寫日記，那麼無論會被什麼樣的事情打擾，只要到了這個人習慣了安靜地思考並寫下一天的感悟的時候，他就會把自己關進自己的世界裡，將一天裡的不開心和疲憊都排出來，然後吸進新鮮的空氣。這個時段是他最真實地面對自己和生活的時候，一切的事情都不能干擾到他。否則，就會一直覺得有件事情沒有做，一直掛念，做什麼都沒有耐性。

然而，現實的情況是，很多人沒有免打擾時間，或者其免打擾時間是可以隨時被打擾和改變的。這些人很難堅持每天做一件同樣的事情，明明決定了每天要午睡或者每天晚上做瑜伽，但是在他們看來，總會有事情來打斷他們，朋友聚會、公司加班等等。他們將這些不確定的因素歸結成其沒有免打擾時間的最主要原因。也正是因此，這部分人永遠無法成為真正的「會者」。

有句老話叫做「好記性不如爛筆頭」。覺得自己有超凡記憶力的人很多，但是記憶卻是這個世界上最不可信的東西。大多數人都會有這樣的經歷，認為自己絕對不會記錯的事情，經常被發現都是記錯了的。因此，我們在列計畫的時候也應該採用除了單純地靠記憶之外的方法，即所有計畫都最好有簡單紙質的紀錄。去超市之前在心裡默念好幾遍要買的東西，最終從超市出來的時候總會發現有漏掉沒買的東西。如果事先將要買的東西用手機或者紙張記錄下來，按照列表一一去買，就不會有這樣的尷尬。

可見，「會者」就是能將事情合理地安排並長久地保持一定的作息習慣的人。每個人都有成為「會者」的潛力，關鍵在於是否有毅力去做成為「會者」的前置作業。就如同蝴蝶的蛻變一樣，破繭而出之前的煎熬只有牠自己知道。付出和收穫終究是等價的，如果感覺到暫時不公平或者不等價，只是時間的問題。前期的累積總會在某一天厚積薄發，只要堅持不懈地要求自己做該做的事情，學會利用零碎的時間，終究會有一天，當我們悠閒地坐著喝著咖啡看著報紙的時候，會感受到作為一個「會者」的坦蕩和博大。

首先→其次→最後

俗話說，「凡事豫則立，不豫則廢。」所謂的「豫」，就是做事之前要做好計畫和準備。很多人手握著「計畫趕不上變化」的信條，而不願意讓計畫束縛自己，寧願「順其自然」，也不費那個「閒工夫」去做計畫。

確實，在生活當中，有很多突發的事情會打亂既定的計畫，本來做好的計畫總是不得不臨時做出變動，最後計畫就變成了一紙空文。然而，我們之所以會制定計畫，就是為了讓自己可以在規定的時間內，有效地完成實現目標所必需的各項任務。從時間管理矩陣的角度來看，制定計畫就是為 A、B、C、D 四類事情合理分配時間，而不至於讓不重要或不緊迫的事情，耽擱了真正值得自己付出時間的事情。

卡內基是全球知名的企業管理大師，這也讓很多人都來到他的辦公室，希望學習一些優秀的管理經驗。威廉就是這樣一位被工作煩透了心的人，他經營著一家小企業，每天卻有大量的工作要處理。他不明白，像卡內基經營著這麼大的一家企業，怎麼會有充足的時問去處理公務。

當威廉來到卡內基的辦公室時，他第一時間就被卡內基的辦公桌驚呆了。要知道，在戴爾自己的辦公桌上，永遠堆滿了各式各樣的文件，怎麼整理都整理不完，櫃子也都放不下了。他就直截了當地問道：「卡內基先生，您那些沒處理的信件都放在哪了？」

卡內基說：「我的信件全都處理完了。」

威廉認為卡內基是把事情都交給下屬去做了，授權下屬去處理確實是個好方法，但他卻不知道誰才是自己最忠實的員工，也害怕下屬不能很好地完成自己交代的任務。於是，他又問道：「那你今天沒做的事情，都交給誰做了呢？」

卡內基微笑地回答道：「我的事情我都做完了。」

威廉更加地困惑了，他不明白，這才到下午 2 點，卡內基的事情怎麼可能都做完了？而且是自己做完的！卡內基看著戴爾疑惑不解的表情，就主動解釋道：「原因其實很簡單。我知道我要處理的事情很多，但我時間和精力卻是有限的。既然一次只能處理一件事情，我就列出了一個計畫表，將要做的事情一一排序，然後一一完成。結果，處理起來卻是驚人得快！」

威廉頓時恍然大悟，「我明白了，卡內基先生。謝謝您，我這就告辭，不打擾您了。」一個月之後，卡內基就受邀來到威廉的公司參觀，看到威廉同樣整潔的辦公桌，他也感到十分開心。威廉不無感激地對他說道：「卡內基先生，要不是您教會我處理事情的辦法，我辦公室現在可能要擺上 3 張桌子去堆放那些要處理的信件和文件呢！但有了您的方法，一切都不一樣了，看，我現在可是很輕鬆呢！」

幾乎每個人都在抱怨生活「太忙了」！「日理萬機」似乎已經不再局限於那些大型企業的老闆，即使是那些小企業的老闆也不例外。每天的工作一項接著一項，應酬一場接著一場，每天的日程表都排得滿滿的，卻仍然沒辦法把要做的事情都做完。

有人為現代企業中的管理者畫了這樣一張「日理萬機圖」：早上 6：30 起床，刷牙、洗臉，穿上衣服，剛坐上餐桌，門鈴響了 —— 進來的是自己的一位下屬，或許是後勤部的主管。這位主管說有緊迫的情況要彙報，需要盡快處理，於是，直接來到家門口面談。兩人在門口一談就是半個小時，沒有就坐，也沒有喝茶。談完事情，上班卻已經要遲到了。飯也來不及吃，匆匆穿上鞋，就趕到了公司，卻還是遲到了 20 分鐘。

一進辦公室，等候多時的祕書就遞上了一疊需要檢視或簽名的文件。剛坐下來，看了 1 個小時。祕書又敲門進來，說是有個會議需要他馬上參加；這個會議之後，還有一次招商會，在市政府召開。他表示知道了，就抓緊處理手頭的文件，剛剛看完，就已經到了第一場會議的時間。副理催促著他趕快去會議室，等到了會議室，看到大家都已經到齊了，而自己還沒構思好開場白。幸好這只是個一般性的會議，自己照常說了幾句話，就讓副理去主持了。

會議結束之後，離坐車前往市政府還有半個小時的空閒時間。想著回到辦公室坐下來，泡杯茶看份報紙，可是來到辦公室，卻看到兩位主管已經在那裡等著自己，準備向自己請示一些工作上的問題了。這邊還沒談完，祕書就敲門進來，說是時間到了，要搭車去市政府了。於是，只好帶著兩位主管一起下樓，邊走邊談。

等到市政府的會議開完，再與幾個朋友隨意地交談一番，時間已經到了中午 12 點。回到家裡已經是 12 點半了，吃完早已準備好的午飯，想要休息一會兒，可是手機又響了 —— 說是下午市政府的人會來檢查，某局長也會親臨。只好緊急通知幾個負責人提前上班，準備下午檢查的相關資料。

終於，資料準備好了，應對大綱也擬好了，市政府的人來了。跟在後面把公司參觀了一遍，坐在辦公室裡，喝著茶聊了會天，下班的時間就到了。可是下午還有一堆檔案沒有處理，只好挑出一些緊迫的在公司做完，還有一些重要的帶回家處理，剩下的只好明天再做了……

這樣一個日程安排，其實並不是某一兩個人的生活寫照，而是很多人的共同困境。在這個競爭複雜的社會裡，為了生存和發展，我們每天有太多的事情要處理，而時間卻是那麼少。這就使得「時間危機」成為眼下最急需解決的難題，時間是每個人最重要的財富，不能合理地分配這筆有限的財富，危機自然就在眼前！

「時間危機」的出現並不是必然的，很多人叫喊著自己有多忙，其實他們只是沒有有計畫地去工作，什麼事情都順其自然，最後時間就這樣在指縫中自然地溜走。越忙的人越應該懂得如何安排時間，制定計畫，讓自己的生活能夠井井有條地進行。

每天，我們都有很多的事情需要處理，無論你是上市公司主管，還是小企業的基層員工，工作、學習、健身、社交……各式各樣的事情就像嗷嗷待哺的嬰兒，等著時間的哺乳。然而，時間是有限的，一天只有 24 小時，先做什麼，後做什麼，都是需要考慮清楚的。每天出門之前，或是在前一天晚上，先把當天的事情想清楚，有什麼事是要處理的？會遇到什麼事？有什麼事是必須要完成的？分清輕重緩急之後，我們就能為重要的事情分配足夠的時間，給緊迫的事情留下轉圜的餘地，將那些不重要、不緊迫的事情放在最後。

時間管理中最重要的要素之一就是有序性。做事有條理，分清先後，才能讓有限的時間得到合理的配置。有些人做事「東做一點西做一點」，最後卻一事無成，為什麼呢？因為沒有一個清晰的計畫，不懂得「首先→其次→最後」！

馬上行動

多少人整日喊著「我要奮鬥」的口號，卻只是純粹地喊喊口號；多少人苦苦追尋著時間管理的方法，得到了也只是知道了。要實現人生目標，有著太多的技巧可循，但最重要也是最必要的就是 —— 馬上行動！

怎樣才能實現人生目標？才能用最少的時間做最多的事？其中的一個必然前提就是，我們得有一個目標，有一個指引我們的奮鬥方向、不斷激勵我們前行的目標。就像人們常說的，「心有多大，舞臺就有多大；心有多遠，前途就有多遠。」有了目標，我們才能為之奮鬥，有的放矢。

可是很多人有了目標後，卻將其束之高閣。他們在紙上慷慨激昂地寫下自己的 1 年、5 年、10 年目標，然後將之封存在抽屜的某個角落裡。到了工作、學習中，仍然我行我素，原來怎樣現在還是怎樣；或者奮鬥了幾天，就覺得累了，想要休息了，自己制定的目標也就隨之而去了。所以，除了目標之外，毅力也極為重要。有了愚公移山的精神，哪怕只是「水滴」也能「穿石」，一切都只是時間的問題而已。

確實，很多事都只是時間的問題，但人們最缺的正是時間。「水滴」確實能「穿石」，可是那需要幾百、幾千年的堅持，我們是否能在有限的生命裡，等到真正改變的那一天呢？「工欲善其事，必先利其器。」似乎，要達成人生目標，最重要的還是方法。一個好的方法能讓事情事半功倍，而走得比別人更快。

於是，很多人不斷地修改著自己的計畫，參考著各種職業規劃的書籍，借鑑著各種成功人士的經驗，想要為自己量身打造出最完美的計畫；有些人苦苦尋求著各種方法，成功學、勵志學的書買了一本又一本，各種理論學了一套又一套。最後，他們仍然一無所得，為什麼呢？因為我們缺少了最重要的一環 —— 馬上行動，行動起來，不斷行動！

湯姆．霍普金斯（Tom Hopkins）是當今世界第一的推銷訓練大師，他是全世界單年內銷售房屋最多的業務員，平均每天賣出一幢房子的成績直到如今仍然是金氏世界紀錄，未曾被打破。全球接受過其訓練的學生，更是超過了 500 萬人！

可是，剛進入推銷界時，霍普金斯是那麼落魄。付完房租的他，手頭只剩下一個月的飯錢。他卻毅然地參加了一個推銷培訓班，也正是這個培訓班讓他學會了各種推銷理論。據他所說：「我的所有收穫都源於那次學到的東西，後來，我又潛心學習，鑽研心理學、公關學、市場學等理論，結合現代觀念推銷技巧，終於大獲成功。」

霍普金斯在短短的 3 年內，就依靠房地產銷售賺到了 3,000 多萬美元！從此之後，不僅是房地產，可口可樂、迪士尼、寶僑等眾多世界知名企業，都邀請他去做銷售企劃。當人們問及他的祕訣時，他只有一個回答：「每當我遇到挫折的時候，我只有一個信念，那就是馬上行動，堅持到底。成功者絕不放棄，放棄者絕不會成功！」

霍普金斯從來不認為「自己是為了失敗才來到這個世界的」，他知道，自己是一頭獅子，來到這個世界上就是為了成功。他不相信命運注定的失敗，更不認為有什麼事情是「不可能」、「辦不到」、「行不通」、「沒希望」的！

對於他來說，每一次推銷的失敗都是下一次成功的墊腳石；每一個客戶的拒絕都是下一次成交的推進器；客戶的每一次皺眉、每一個不耐煩的表情都是為了擺出接下來的笑臉；所謂的不順利，只是為明天的幸運留下希望。

霍普金斯知道自己的目標是成為一位成功的推銷大師。他有著自己的堅持，只要有一口氣在，他都不會因失敗而氣餒，或因成功而滿足；他懂得推銷的方法，推銷培訓課和自己的潛心學習，讓他理論知識扎實。他知道自己所缺的是什麼，那就是 —— 馬上行動，他明確知道：「只要我堅持到底，馬上行動絕不放棄，我一定會成功。」

「馬上行動！馬上行動！！馬上行動！」在不斷的重複中，這句話已經成為霍普金斯的習慣，或者說是本能。每天早上一睜開眼睛，他就會對自己說「馬上行動」！免得「再睡一會兒」的「小人」跳出來；每次走出門推銷時，他都會對自己說「馬上行動」！免得「客戶會拒絕」的念頭打擊自己；每當站在客戶的門口，他都要默念一句「馬上行動」！免得「門後是什麼人」的憂慮讓自己猶豫不前。

時間是不會等人的，它不會等著我們做好萬全的準備；時間每分每秒都在流淌，我們只有馬上行動，絕不放棄，全力以赴。想一想吧，有多少事因為沒有馬上行動而被置之腦後，等到再想起來已面目全非。我們生命中有太多重要的事，但我們總是想著，等一會兒，等準備好了再去做；等一會兒，等手頭的事做完了，再去做。可是最後，我們就這麼忘記了一件事，等到想起來的時候，當初的熱情已經不再。

一個人之所以能夠實現自己的目標，並不在於他有多好的方法，也不是因為他的目標有多近。如果真要說有什麼方法的話，只是因為他們的行動比別人更多；如果真要說毅力的可貴的話，那就在於他們能夠一直堅持馬上行動！

沒有行動，所謂的方法都是「紙上談兵」，得不到展現，更得不到改進。馬上行動！不需要任何的考慮，我們制定下了目標，給予行動的方向，我們是行動的主人，除了我們自己，沒有任何人或事會阻礙我們的行動。有一個學生見到老師後，抱怨地說道：「老師，我等了你兩天，想問你這道題怎麼做，你這幾天去哪了？」表面上看，這位學生似乎有著一顆馬上行動的心。但只是因為老師不在，他就讓一道題目困惑了自己兩天！同學去哪了？別的老師去哪兒了？網路去哪了？這兩天的時間去哪兒了？

如果行動總是讓那些外在因素做決定，那這些行動就不是我們自己的。這樣被動的行動不會讓我們得到任何的好處，其結果往往適得其反。很難想像，因為老師不在，難題就無法解決的學生會得到多滿意的成績；因為老闆不在，工作就進行不下去的人，又能在自己的職業道路上走多遠呢？

行動是克服困難的唯一方法，也是發現困難的真正方法。當我們制定著自己的計畫時，我們會發現各式各樣的困難，時間不夠、雜事繁忙、準備不足、物資缺乏……可是只有行動，才會讓我們看到真正的困難並逐一將之克服。當霍普金斯窮困潦倒的時候，他不會因為條件不充分就放棄行動。行動的目的就是解決問題，實現目標。那些困難不會因為我們在紙上塗塗畫畫就消失得無蹤，而在我們前進的每一個腳印之中。

只有馬上行動，才能讓自己堅持下去。毅力的培養無疑是困難的，但如果能夠把每一件該做的事都用馬上行動的方法給予解決，久而久之，馬上行動成為一種習慣，毅力也會悄然增長。「千里之行，始於足下」，我們不用為「千里」的遙遠而徬徨，只需要看眼下的那一小步，「千里」難走，難道跨出這一小步，也困難嗎？當我們用糖果誘惑孩子走路時，我們不在乎手中的糖果，只在乎他走出的每一步，當他邁出了第一步，邁開小腿開始跑的時候，糖果就離他不遠了……

馬上行動！用行動去尋求適合自己的方法，用行動去克服路途中的障礙，用主動的行動提升自己，用馬上行動去實現自己的目標！

時間殺手 —— 拖延

時間最大的殺手就是拖延！時下，「拖延症」被很多人掛在嘴上說，他們並不是因為尋找目標、摸索方法之類的原因而不願行動，即使「萬事俱備」，他們仍然不願意著手去做。似乎只要事情拖著不做，就能避免時間帶來的壓力。

很多人做事拖延，並不是因為什麼外在因素，而是源於內心深處的恐懼感。其一是對失敗的恐懼，好像只要拖著不做就不會失敗，在浪費時間和精力的時候，他們會告訴自己「沒關係的，我能做成的，只是現在還沒準備好」；而當失敗真的成為事實時，他們也能夠安慰自己，「只有這麼點時間，做不好是正常，有這樣的成績已經很好了。」其二就是對「不如人」的恐懼，他們往往對自己的能力不自信，害怕自己做出來的結果不如別人，而不做的話就能將這種可能「從根源上」消除，當別人做成的時候，他們也卻又表現出極強的自信：「換成是我做的話，我一定能做得比他們好！」

小明是一位室內設計人員，主要負責設計圖相關的工作。聰明伶俐的小明十分受到主管的喜愛，主管常常誇他反應靈敏，只是有一個小缺點 —— 做事拖拖拉拉。對於自己的拖拖拉拉，小明卻有著自己的一套理論，被他稱為「拖拉哲學」

「把事情拖一拖再做，沒有什麼不好的。每次到最後關頭的時候，由於時間的限制，自己的工作效率也會大大提高。而且，越是到最後，越是在緊迫關頭，自己的精力就越能集中。最終，那種一氣呵成地完成任務的感覺，實在是酣暢淋漓！」

有一次，主管交給他一個畫設計圖的任務，給了他 3 天的時間。這項工作本來是可以在兩天內輕鬆完成的，但正是因為他的那套「拖拉哲學」，在前兩天裡，他就這裡玩玩、那裡逛逛。等到第 3 天的時候，他認為最後關頭到了，自己可以開始享受那種快感了！可是在這一天，公司突然停電，而前兩天無所事事的小明，甚至沒有把資料備份在自己的私人電腦裡。結果，當然是任務沒完成，快感沒體驗到，只有挨一頓痛批！

雖然辦事有些拖拖拉拉，但主管還是很看重小明的，只要部門裡有晉升機會，主管都會推薦小明。但在人資考核時，小明卻總是過不了關。主管也與人資交流過，但得到的回答是：「辦事拖拖拉拉，靠不住。」看著小明仍然我行我素，主管就覺得心急，「多好的人才，那麼聰明，硬是被拖延症弄得沒辦法」……而小明自己卻越發有些「鬱鬱不得志」起來。他認為，自己的聰明才智比部門裡的所有人都強，為什麼好幾個人都被提拔上去了，自己的位子卻還是沒動呢？他也知道自己辦事拖拖拉拉，但他並不認為這是缺點，「拖拖拉拉怎麼了？要用 2 天做完的工作，我最後一天做完怎麼了？我也省去了時間和精力啊，難道要像別人那樣浪費時間？」最後，小明選擇了辭職，離開這個忽視自己才能的地方。

拖延從來不會為我們省下時間和精力。或許小明真的有那樣的才能，能夠把需要 2 天完成的工作，在 1 天之內完成得妥妥貼貼的。可是，在這「省下來」的一天裡，小明在做什麼呢？「東玩玩、西逛逛」，省下的時間並沒有用於「增值」，而是就這麼消耗掉了，到最後任務沒完成，得不到晉升，職業規劃的那些目標更是一個沒實現！

常常有人會說，「如果當初我也那麼做的話，我早就發財了！」「我早就知道會這樣，只是我沒做而已！」這世上從來沒有後悔藥可吃，時間過去了，機遇也就過去了，再想做也沒了當時的條件。而對於更多習慣拖延的人來說，他們甚至都不會覺得後悔，相反地，他們會因為自己當初的「料事如神」而感到沾沾自喜。他們自信地認為：「看吧！就像我說的那樣吧！不是我發不了財，只是我不去做而已。」而問到為什麼不去做，他們也會說：「既然只要我做就能成，那不如抓緊現在的時間好好休息一番，養足精神再做。」

這些人的工作、學習效率其實並不低。一個星期的工作，他們可以在最後一天的晚上完成；一個暑假的作業，他們可以在最後一個星期做完。至於完成的品質，倒是因人而異了。其實，他們之所以會出現「拖延症」，大多是因為他們對休閒與工作的認知失誤。對於很多人來說，一旦開始工作、學習就再也沒有時間休閒了，於是他們就盡量地將工作、學習延後處理。當一段比較困難的工作或學習計畫將要開始時，他們能夠預想到，在很長的時間裡自己都需要專注於此，在獨自一人的工作、學習之後卻不一定能真正的實現目標，做得沒別人好也會讓自己丟臉。於是「拖延症」自此而生。

然而，工作、學習其實是帶來快樂與愉悅的泉源，投入到工作、學習中去，並不會讓自己感到孤獨與焦慮。即使最終的結果與自己的期望相去甚遠，但這樣一段努力的過程，不也是一種獲得嗎？

很多人常常把「等一下」、「明天做」、「有空再做」掛在嘴上，但即使到時候他們真的去做了，過去那麼好的時機已經消失了，未來的變數反而讓他們得不償失。或許，有些人真的有「三日事，一日了」的天賦，那麼，為什麼不在第一天就做完這些事呢？或許，等到第 3 天的時候，一切都變得不一樣了！

有些人把拖延當作一種等待，等待一次良機的方式。但機會往往就在眼下，稍縱即逝，猶如曇花一現。當我們還在等待那些

「敢死隊」為自己「除錯」時，殊不知，最大的螃蟹已經被他們吃掉了，而自己跟在後面連湯都喝不到，最後只能以一句「料事如神」自誇。

拖延是時間最大的殺手。當你把今天的事情拖到明天做時，你就能把明天的事情拖到大後天。且不談那些失去的機遇，單從時間來說，這樣透支未來的時間，你真的能保證自己在未來能夠把所有要做的事都做完嗎？而那些自己拖延耗費掉的時間，你究竟用來做了什麼？

第 10 章 目標管理與計畫表

美國著名管理學家彼得杜拉克（Peter Drucker），在他的《管理的實踐》（*The Practice of Management*）中首次提出「目標管理和自我控制」，他認為「目的和任務，必須轉化為目標」，如果「一個領域沒有特定目標，則這個領域必然會被忽視」。而當有了這一特定目標之後，就需要將之分解成若干個小目標，為之劃分相應的時間點，從而形成自己實現特定目標的計畫表。

計畫表範例

	時間 1	時間 2	時間 3	時間 4	時間 5	時間 6	時間 7	時間 8
事項 1								
事項 2								
事項 3								
事項 4								
事項 5								
事項 6								
事項 7								
事項 8								

決勝於千里，運籌於計畫 —— 工作計畫表的重要性

很多人都曾抱怨過：「似乎自己沒做什麼事，時間就悄悄流

逝了。」更有人說：「我都不記得自己做了什麼。」一天只有 24 個小時，卻不能只用於事業，健康、心智、休閒、家庭、職場、理財，必須得到兼顧。一個健康的身體是時間管理的基本；良好的心智則可以有效提升時間管理效率；休閒是生活中不可或缺的一部分；家庭則是生活中最應給予關懷的；而職場是每個人人生目標實現的必經之路；出於長遠的考慮，理財是必需的！想要合理地兼顧這 6 大環節，就必須對自己的時間管理有所計畫！

對於沒有計畫的人來說，時間永遠不夠用，東忙一下，西忙一下，最後卻一事無成。是時候改變一下自己了！不要再做浪費時間的人，而是透過有效的時間管理手段，將零碎時間拼湊起來，再根據事情的緊急和重要情況，決定先完成哪些，再去做什麼。

看那些有所成就的人，並不是整日在桌子前面工作而放棄了健康、休閒，但他們所做出的成績卻比一般人要好很多。其中最重要的原因就在於，能夠合理利用時間。是時候去設計一張工作計畫表了，將需要完成的事情一一在上面列明，表格重在指導性，你規劃得越好，時間管理做得就越好，如圖 10-1 所示：

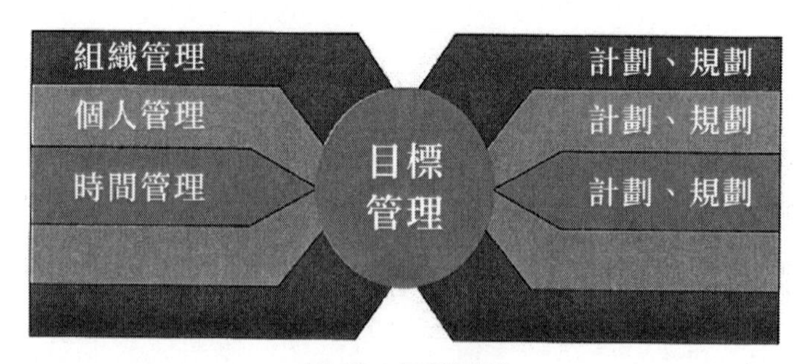

圖 10-1 目標管理

小華是一家大型企業的中階主管，不到 27 歲的他，是該企業管理層中最年輕的，能擁有目前這一切，都源於他善於做工作計畫表，並嚴格按照表格中的時間安排做事。

同事、朋友都對他的工作計畫表很感興趣，覺得這就是一樣法寶，因此向他詢問這是如何做的，小華解釋道：「制定這樣一張表格，要根據自己實際情況，不能刻意模仿別人。」於是，他將自己是如何制定計畫表一一講解給對方聽，尤其是制定計畫表的要領，其中一些人也確實聽出了「門道」，回去後做了一番嘗試，工作效率果然提高了很多。

想要擁有一份完美的工作計畫表，關鍵在於對表格本身的掌握，透過此表格，將工作計畫指標或是要完成的工作進行細分或是彙總，表達出即將完成的事情。表格不但要設計得合理，最好還要美觀，可以讓閱讀者清楚地知道當天應該做些什麼，因為每個人查閱計畫表的時間並不多，因此不能在這方面花費太多時間。

看到這裡，有些人覺得制定工作計畫表是非常複雜的事情，本來時間就不夠用了，還要去做這些，肯定很浪費時間。這種想法恰恰是錯誤的，正因為有這樣一份計畫表，你才知道自己迫切需要完成哪些事情，因此它是合理利用時間的關鍵。

值得一提的是，不少人覺得制定這樣一份表格是給自己看的，所以沒必要做得非常精細，馬馬虎虎寫一下，只要知道自己需要什麼就夠了。事實恰恰相反，由於這份表格往往需要在時間緊迫的時候查閱，所以必須要非常清晰。

首先，選擇表格的格式要根據自己的閱讀習慣，切忌直接從網路上搬運，或是照抄別人的表格，最好是可以自己設計，雖然需要花費一定時間，不過這也是最令人容易理解的。

三年規劃表

	第一年	第二年	第三年
1			
2			
3			
4			
5			
6			
7			
8			

一般情況下，表格設有名稱、日期、整體架構等，對於第一次設計此類表格的人來說，從網路上借鑑經驗是可以的，甚至可以先下載，再對細節進行調整。

很多人在初次設計表格的時候並沒有意識到哪裡不合適，但在執行工作表的時候，如果發現有不合適的地方，應該及時進行修正，以免因細節上的問題而影響整個計畫表的執行。

部分企業要求各部門管理者制定工作計畫表，所以下屬們相當於已經有了一份計畫表，這時候你可能還需要做一份完全屬於自己的計畫表，但無論從格式還是內容上都需與企業統一制定的計畫表能夠銜接得上，以免時間安排上發生衝突，工作計畫表就失去了原來的意義。

小張是一家進出口公司的銷售部專員。剛進公司的時候，他就在主管的指導下完成了一份工作計畫表，這與主管制定的表格有相同意義，都是為了更好地完成工作。

季度計畫表

	1月	2月	3月
1			
2			
3			
4			
5			
6			
7			
8			

差不多 1 年後，小張覺得工作並沒有很大起色，這樣下去，一定無法完成職業規劃，於是他想著手制定一份屬於自己的計畫表，既能完成主管交予的工作，又有益於個人發展。

他先將主管交予的工作整理好，看看能否將這些事情安排得更加緊湊，然後想到自己還需要做什麼才會對職業發展有好處，最終設計出屬於自己的工作計畫表。

由於是初次做這件事，小張知道自己可能之後需要修改，因此已經做好了心理準備，但有了這張表格，他的工作狀態好了很多，不論處理主管交予的事情，還是他加給自己的事情，都覺得輕鬆了不少，因此工作更加賣力了。

後來，小張發現個人工作計畫表中有一些地方存在問題，馬上進行了修正。因為交給主管看的工作計畫表是與部門計畫一致的，所以個人工作計畫又要與前者相統一，既不能影響日常工作，又要對自我提升有好處。

經過大半年的調整，小張設計的兩份工作計畫表逐漸發揮了明顯的作用，隨著業績的上升，他開始成為上司經常表揚的對象。

月計畫表

	第一週	第二週	第三週	第四週
1				
2				
3				
4				
5				
6				
7				
8				

可見，如果一個人的工作計畫表設計得非常合理，會對工作產生積極的推動作用；相反，如果表格設計得不合理，就會把工作弄得一團糟。

其次，表格的內容要簡明扼要、用適當的詞語概括。不論出於什麼原因，制定的工作計畫表都具有權威性，尤其是跟著企業步伐制定的表格，所以用詞要簡單明瞭，不能用口語，更不能隨便寫一個詞上去。

你可以分別觀察成功者和普通人的工作計畫表，就會發現明顯不同之處。前者制定的表格，用詞非常精準和嚴謹；而後者制定的表格，就會出現用詞不當、含糊不清、前後出現歧義的情況。

一旦表格中的用詞出現問題，就有可能產生誤解，這就增加了使用者的工作量，從而降低了工作效率。

現實生活中，很多人已經制定了計畫表並且開始執行，但一段時間後他便放棄了，原因就在於這類人沒有將計畫表與工作目的結合起來，只是單純地設計了一份表格，並在其中填好內容。

小王去年剛從大學畢業，經過應徵去了一家外商公司上班，這是他想要的結果，因此在制定計畫的時候，他非常注重目標，並將目標當成制定計畫的依據。

通常情況下，他會先圍繞目標制定出年計畫，再制定月計畫，最終制定週計畫，目的是為了細分目標。小王表示，這個過程是將大目標分成一個個小目標，再去完成，就顯得輕鬆多了。

雖然他在該公司工作時間不到 1 年，但已經顯現出非常優秀的能力。出於對他的信任，主管經常將非常重要的工作交給小王做，他都有很不錯的表現。

由此看出，當工作計畫表與職業規劃相輔相成的時候，計畫表才能發揮其威力，否則會適得其反。

週計畫表

	星期一	星期二	星期三	星期四	星期五	星期六	星期天
1							
2							
3							
4							
5							
6							
7							
8							

說到這裡，很多人覺得制定工作計畫表是非常困難的，因此容易出現放棄的念頭，當有這種想法的時候，可以去請教有相關成功經驗的人，再去修正工作計畫表，就更加有動力了。

當然，目標同樣非常重要，它與工作計畫表的制定有非常密切的關係，能夠激勵你去完善計畫表。

所以說，制定工作計畫表是非常有必要的，能夠幫助你提升工作效率。不過，制定過程又非常複雜，需要你根據實際需求不斷地完善工作表。

千里之行，始於計畫 —— 玩轉個人計畫表

說起個人計畫表，很多人都不會陌生，因為在過去的時間裡，大部分人都曾對日常生活、工作、學業等進行過規劃，只不過有些人將這個習慣堅持下來了，而有些人沒有。兩者相比較，

前者更容易獲得成功，而在前者當中，又屬那些能正確制定個人計畫表的人最優秀。

有些人說：「我只要知道明天要做什麼就可以了，何必費心思專門做一張計畫表呢？」實際上，這類人存在非常明顯的偏差，將要完成的事情放在腦子裡就不會形成「認真」的要求，等真正到了明天，可能會因為各種原因耽誤了之前要做的事情。而大部分人都善於給自己找理由，這時候，就會出現「明日復明日」的情況。

一旦將要完成的事情寫入個人計畫表，你就知道自己在時間規劃上是否存在問題。例如，你打算本週內完成工作的 30%，並把進修課程加快 10%，再去看望一下親人，週末還要帶著伴侶、孩子去郊遊 ...... 如果沒有列計畫表，你可能會覺得完成這些事情並不困難，但一旦將這些寫在計畫表中，就會發現原先的想法過於簡單。因為你要對每一項工作留有一定時間，甚至要空出「預留時間」，以免因無法解決突發情況而打亂整體計畫。

可見，個人計畫表是多麼重要，從心理學角度說，當一個人制定了完善的計畫後，就會發現對處理這些事情已經不那麼恐懼了，這叫「心裡有底」。這種底氣會給人帶來正能量，再去做事的時候就會發現自己已經不那麼害怕了，並且能做到有條不紊。

說到這裡，很多人急切地想知道「如何制定個人計畫表」。實際上，這類計畫表與工作計畫表相類似，都需要根據自己的情況，確定表格的格式和內容，只不過主觀性更強，如果有了制定工作計畫表的經驗，再去制定個人計畫表，就會顯得更加遊刃有餘。

小輝大學畢業後，先在某公司工作了幾年，後來經過白手起家，建立了自己的公司，又經過幾年發展，讓公司小有規模。雖然在外人看來，小輝並不是一個只知道工作、不會享受生活的人，他能夠很好地安排時間，只有熟悉他的人才知道，他非常善於制定個人計畫表。

他曾和朋友提起過，自己在上一家公司工作的時候，經理就要求員工制定工作計畫表，他剛開始的時候也非常費力，不知道從何做起，但經過經理的指導，小輝逐漸摸索出門道，不僅能制定出一份非常合理的計畫，還令每個人都能明白其中的含義。他常常調侃：「誰都能一眼看懂的話，我自己就一定沒有任何問題。」

學會了制定工作計畫表，小輝開始著手製訂個人計畫表。他先將工作的部分填寫在其中，然後根據工作情況，對其他事情做出規劃，嘗試了一段時間後，他發現這樣做並不是最好的做法。小輝認為，個人計畫表不應該成為工作計畫表的附屬品，它既是獨立存在的，又可以對完成工作計畫表加以推動，因此要重新制定個人計畫表。

他根據自己的情況，對原有工作規劃進行了調整，能壓縮的盡量壓縮，使得工作時間更加緊湊，這樣一來，他就有更多時間完成其他事情。漸漸地，小輝優化了自己的兩份計畫表，再進行執行的時候，就不會顯得慌亂了，而是能將時間安排得更加合理。這便是他獲得成功的原因。

在個人計畫表中，一定會存在工作的部分，此時，這個部分不用寫得非常詳細，可以選擇一帶而過的方式，將更多空間留給其他事情，例如，學習充電、生活安排、人情往來等。這些事情看似與工作無關，實際上有非常重要的連繫。不斷學習充電能提升你的工作能力；安排好生活上的事情，會省去你很多後顧之憂；人情往來是累積人脈的過程……所以，越能夠玩轉個人計畫表的人，越會安排好生活上的所有事情，這樣的人是最有可能成功的。

年計畫表

	第一年	第二年	第三年	第四年	第五年
1					
2					
3					
4					
5					
6					
7					
8					

值得一提的是，個人計畫表同樣與個人目標有非常緊密的連繫。為了讓這類表格具有實際意義，可以分別設立 5 年計畫表、

3 年計畫表、年度計畫表和月計畫表等，你將目標分得越清晰，完成率就越高。

有些人覺得將計畫表列得越詳細越好，事實並非如此。任何一張計畫表的制定，都需要考慮它的實用性，不能盲目地填寫內容。個人計畫表的整體規劃非常有必要，既不能過於繁瑣，也不能太過簡單。

現如今，很多人每天要承受巨大的壓力，但能夠化解這些壓力的人，往往能成為佼佼者。相反，有些人會覺得頭頂上總是有一片烏雲，他們越著急，壓力卻越無法化開。

不妨針對這些問題，列一個「特殊表格」，尤其是那些既複雜又令自己望而卻步的問題，更需要用計畫表的形式列出來，意在督促自己盡快完成，以免因為拖延而使問題更加複雜。

除此之外，還可以這樣列個人計畫表：先列一張總表，上面寫明自己需要完成的事情，例如在這段時間裡工作、學習、旅遊等，這是總計畫。想要做好每一件事情，還需要就這些專案分別做哪些事情，可以在「專項表格」上列明。這樣一來，你就知道自己在某段時間裡，應該做哪些事情了。

這一切看起來似乎更加一目了然，不過這也要根據個人需求，並不是每一個人都習慣於這樣制定個人計畫的。

計畫表的類型有很多，對於工作時間固定、鮮少遇到突發情況的人，在制定計畫表的時候，不妨採取以下方式：

日計畫表

	9:00	10:00	11:00	12:00	13:00	14:00	15:00	16:00	17:00	18:00	19:00	20:00
1												
2												
3												
4												
5												
6												
7												
8												

這種表格將每個時間點都寫清楚了，便於你詳細地規劃每一項任務，加上這樣的表格更具有嚴謹性，能夠更好地提高做事效率。

彭先生在某企業任職，他在制定個人計畫表的時候就經常用這種方式。所以認識他的人都知道，彭先生做事絕對不會浪費一分鐘，正因為他的計畫表列得十分緊湊，所以才能造成這樣的效果。

還有一種計畫表，它顯得非常籠統，比較適合工作時間不固定，或是常遇到突發情況的人。此時，以下這種計畫表就顯得更有意義了：

六大領域計畫表範例

		1月	2月	3月	4月	5月	6月	7月	8月	9月	10月	11月	12月
1	身												
2	心												
3	樂												
4	家												
5	業												
6	財												

從表格本身能夠看出，它具有非常大的彈性，不會對日常工作產生不必要的影響，使用者應該非常容易掌握這種表格。

當然，對於初學者來說，這樣一份計畫表，同樣是首選，等到對制定表格熟悉後，再慢慢進行調整是最好不過的了。

需要注意的是，制定計畫表只是整個過程的一部分，還有另一部分需要注意：那就是計畫表的完成進度。

不妨在主表的後面，附一張「完成進度表」，並根據主表的時間定期填寫好它。可不要小看了這張進度表，這是總結過去經驗和調整後面工作時間的重要依據，若是長期無法完成既定的任務，就要好好想想其中的原因了。

綜上所述，個人計畫表的制定，大體上與工作計畫表差不多，只是兩者之間應存在相互促進的作用。使用者要根據自己的情況，正確使用計畫表，不要將制定個人計畫當成馬虎的事情，不僅要認真對待，還必須不斷優化計畫表。在很多人看來，個人計畫表只是一個籠統的規劃，這種想法是不正確的。因為你完全可以根據需求，控制計畫表的詳細程度，它才能真正發揮作用。

第 11 章
時間管理技巧

統籌時間

時間對每個人都是公平的，一天只有 24 小時，不多也不少。日復一日、年復一年，有的人利用有限的時間獲得了巨大的成就，而有的人卻一事無成。很多人不明白，為什麼那些人可以將 24 小時活成 48 小時？因為，他們不懂得時間統籌的技巧。

一段時間裡，是不是只能做一件事呢？答案自然是否定的。很少有人在燒開水時，一直等候在水壺邊；也不會有什麼人在電腦下載檔案、電影時，什麼也不做；在煮飯的同時，炒菜、煲湯是大多數人的做法，這就是時間統籌。在同一段時間裡，同時做兩件甚至三四件事情，是完全可能的，也是我們平時都在做的。

時間統籌就是要做到「雙管齊下」，合理地統籌每一分鐘和每一件事，讓我們能夠在有限的時間裡，做更多的事，讓時間變得更有效率。在工作中常常會有影印資料的需要，有時候影印一大疊資料可能需要半個小時的時間。但以現代的科技水準，在影印機上，真正需要操作的時間往往不超過 5 分鐘，把資料放好、把影印紙放好、按下開始鍵，一切就是這麼簡單。但有的人就是寧願在影印機旁，死死地盯著機器發著呆；或者和櫃檯、行政等同事聊聊天。於是，本可以用來蒐集、整理資料或者連繫客戶的25分鐘就這樣過去了……

沒錯，只是25分鐘的時間，只是一次簡短的歇息而已，工作那麼累，放鬆一下心情是沒錯。但是，每天工作的時間只有8個小時，只有不到20個25分鐘而已。比起盡快地完成工作，難道這樣的「休息」更為划算嗎？

要提高時間管理的效率，就要重視生活中的每個25分鐘，盡量統籌安排多項工作同時進行，而不是逐一而為。有些人覺得這樣的時間統籌太過挖空心思了，人生未免也太累了，可生活本來就不輕鬆，如果能夠這樣「雙管齊下」地利用時間，我們的工作、學習也能盡快地完成，在此之後，我們也就可以「肆無忌憚」地休息了。

時間統籌是讓我們在同一段時間裡，盡量安排盡可能多的事情同時進行。然而，時間統籌並不意味著分散精力，而是以一種數學的方法安排時間。在學習數學時，關於時間分配的應用題做了不少，很多人卻抱怨數學是門沒用的學科，生活中根本用不到多少，其實，只是這些人不會用而已。比如想泡壺茶來喝，茶葉是現成的，但沒有開水，水壺、茶壺、茶杯都還沒洗。怎麼做？洗好水壺去燒水，等待水開的同時，洗茶壺、茶杯，準備好茶葉，水燒開了，將開水倒入茶壺！這就是時間統籌，以一種「極致」理性的態度對待自己的時間！

小平從高中開始，就學會了如何將時間統籌的方法運用到了學習生活中。那時候，他在當地的一所知名高中就讀，這所學校之所以出名，倒不是因為學生的成績有多優秀，而是因為學生出色的音樂水準 —— 每年全國高中音樂比賽的前三名中，總有這所學校的名字。

小平在這所中學就讀，自然也愛好音樂，高中 3 年裡，小平一直是校內混聲合唱團的一員。合唱團將練習的時間安排在了每天下午的 3 點到 6 點，在合唱比賽之前，練習到晚上 7 點也是常有的事，即使是到了高三，合唱團仍然堅持著練習。這樣的時間安排，確實與讀書時間有所衝突，合唱團的成員等於每天比其他人少了兩節課！

但學校沒有阻止，家長也沒有表示反對，因為合唱團的學生們成績並沒有下滑，有些學生成績反而有所提高。這樣的結果得益於合唱團老師的指導方法。在學生進入合唱團之前，老師就會告訴每個學生，在來練習的時候把功課帶著。

因為是混聲合唱團，除了合唱部分，男女學生被分成了高、中、低 3 個聲部分別進行練習。每次一個聲部的學生在練習，其他兩個聲部的學生就可以休息，這段休息時間則被用於做功課、看書、備考。當然，也有人提出，安排 3 個老師分別指導學生練習 1 個小時，再練習半個小時的合唱，學生就可以提前回家專心做功課了。然而，連續一個半小時的練習，只會讓學生的嗓子變啞，練習也失去了效果，間斷性的休息是必需的；而連續一個半小時的功課，也會因為學生們的精力有限而大打折扣。

無論做什麼事，休息都是必須的。那麼，為什麼不讓音樂與讀書「互補」呢？讀書累了，唱一會兒歌休息一下；唱歌累了，看一會兒書休息一下。指導老師正是這麼做的，結果就是，學生們不僅沒有因為這樣的安排分散精力，反而更加體會到了讀書與音樂的樂趣。

音樂可以調節心情，對於學生而言，功課是必不可少的任務。那麼，既然喜歡音樂，就用音樂作為心情的調節器、學習的減壓閥，讓學生在音樂與讀書的交叉進行中，實現兩者的齊頭並進。而且，因為很多學生聚集在一起，也有老師在旁，學生休息寫功課的時間，實際上就是集體自習的時間，這樣的自習往往比自己一個人在家「埋頭苦幹」更有效果。

當然，從合唱練習的角度來看，最好的練習方法應該是：某一聲部在練習時，另兩個聲部專心地聆聽。這樣，在合唱時，三個聲部才能更好地融合在一起。然而，對於高三的學生而言，如果不能把功課帶到練習中來，或許很多人都會因為功課時間的減少而坐立不安，無法投入到練習中去，甚至放棄自己對音樂的愛好。

正是在這樣的指導方法下，合唱團的學生雖然還是為自己的愛好付出了一定的時間，但這無疑是值得的。而且能夠在實現自己愛好的同時，保持成績不下滑，甚至是有所進步，對於學生而言無疑是更加喜歡的。

幾年過去了，小平考到了一個還不錯的大學，出來之後進入了一家還不錯的公司。而在這幾年裡，小平一直沒有忘記當初「雙管齊下」的經歷。在大學學習和自我學習中，小平越來越懂得了時間統籌的真諦，並不斷改善自己的時間統籌方法，把它應用到工作和生活中去。

有一次，部門主管請部門裡的幾個同事分別做一份報告，時限為一天！幾個同事一番計算之後發現，要做好這份報告，就需要兩個小時的時間數據分析；兩個小時的時間諮詢其他部門兩個同事，同事需要一個小時的準備時間；除此之外，還需要有兩個人統計資料，分別需要 3 個小時；最後，完成報告需要 4 個小時。幾個同事頓時就傻眼了，「主管這是在為難我們嗎？ 2 ＋ 2 ＋ 1 ＋ 1 ＋ 6 ＋ 4 ＝ 16（小時）！主管讓我們在 8 個小時的工作時間裡完成 16 個小時的工作！這怎麼可能？」

小平聽著同事的抱怨卻有著自己的想法，多年時間統籌的經驗，讓他很快就找到了一個「雙管齊下」的辦法。這個辦法就是：上班後就通知要諮詢的兩個同事做好準備，並讓這兩個人開始統計資料；然後開始資料分析；2 個小時後，2 個同事已經做好準備，就可以直接開始諮詢；2 個小時後，諮詢結束了，2 個人的統計也已經做好，複核一遍；4 個小時過去了，開始午休；下午的 4 個小時則可以用於完成報告！

沒錯，16 個小時的工作，就這麼在 8 個小時裡做完了！這就是時間統籌的魔力所在，把 1 個小時活成 2 個小時，把 24 個小時活成 48 個小時！既然我們都有在煮飯時炒菜、煲湯的覺悟，何不將之放大、延伸到工作和生活的每一處，讓自己的每一分鐘都能夠實現最大的效益呢？

時間統籌，能夠有效地減少那些無謂消耗的時間。我們做的每一件事都要消耗時間，要提高時間管理的效率，我們當然要盡可能把每件事完成得更快。但有些事所消耗的時間並沒有那麼容易減少，那麼，就用時間統籌的方法，在計劃與協調之間合理地統籌時間，把 1 分鐘「掰成兩半」來用！

整理分類

時間永遠不夠用，事情永遠做不完，每天那麼多的事情、那麼少的時間，讓很多人不得不「逢人就說忙」。怎麼才能「Get Things Done（把事情做完）」？在執行之前，進行一次整理分類，它對於時間效率的提升作用，實在不會辜負用來整理分類的那些時間。

GTD 也就是 Get Things Done（把事情做完）的首字母縮寫，是美國著名「個人生產力」專家 —— 大衛 · 艾倫（David Allen）提出的一種行為管理方法。在大衛 · 艾倫 2002 年出版的同名暢銷書中，其將 GTD 歸納為：收集、整理、組織、回顧、執行。一句話來說，就是記錄下自己要做的事，然後整理分類之後，就可以一一付諸實踐了。

人類的大腦確實很強大，其中儲存的東西之多，常常令我們自己都感到驚訝。有時候，我們會驚奇地發現，3 歲時候的某件事情會清晰地浮現在自己的腦海裡，但真要回憶起童年的所有事情，那就不可能了。

與其讓那些事情存在大腦裡，等著某天發現竟然忘記了再後悔莫及，不如直接將那些資訊從腦海裡拿出來記在紙上。讓大腦成為一個中央處理器，只負責思考，而將儲存資訊的工作交給筆記本或者其他任何適合自己的工具。在 GTD 理論中，這些儲存工具被稱為「收集箱」。在資訊科技如此發達的今天，我們完全可以將資訊，比如幾點打電話給甲、幾點發郵件給乙、幾點處理檔案等，儲存在雲端中，利用電腦方便快捷的處理，再同步到智慧型手機或其他智慧型裝置中，方便隨時隨地地檢視。當然，為了保證能隨時進行處理，紙和筆最好是能隨身攜帶。

在資訊收集程序結束之後，我們就可以開始整理了。當「收集箱」中收集了太多的資訊時整理就成為必須的工作，否則胡亂堆積的資訊同樣會面臨丟失或「找不到」的風險。至於整理的頻率，則需要根據各人習慣和事情多少來定。事情多的人可以一天一次，少的人也可以一週一次。但千萬不要把事情累積到「堆積如山」的地步才想起來，然後慌慌張張地去整理。

對於這些資訊、事情要怎麼處理呢？這裡，我們則可以利用時間管理矩陣，根據事情的重要性和緊迫性來將事情分為 A、B、C、D 四類。為了方便以後使用，我們還可以引入時間、空間的分類方法，在將事情分為 A、B、C、D 四類的同時，將每件事情適合什麼時間、什麼地點處理同樣標記進去。這樣，我們就可以在適當的時間和地點，找出相應需要處理的事情，再根據 A、B、C、D 的分類，區分優先順序地處理各項事務。

而在事情的收集和整理、分類過程中，有一個必須要注意的原則就是「兩分鐘原則」：如果一件事情，無論哪個分類的事情，處理它所需要耗費的時間少於兩分鐘，那麼就馬上去做。之所以將兩分鐘作為分水嶺是因為，從我們考慮一件事情是否需要處理，到我們正式決定推遲這項事情的處理所耗費的時間差不多就是兩分鐘。而「兩分鐘原則」也可以進一步引申為「一秒加兩分鐘原則」：當我們面對那些突發狀況時，我們使用一秒鐘去做評估，兩分鐘之內能解決的，不要遲疑，直接解決掉；如果不能在兩分鐘內解決，則留待下一步。一秒鐘之後，要麼解決突發狀況，要麼迅速回到正在進行的事情中去；兩分鐘解決問題之後，同樣如此！

組織是 GTD 中最為關鍵的一個步驟，就是為「收集箱」中的各項事情排定工作清單。一般來說，工作清單的排定可以從三個角度去進行：

◆第 1 個角度：依時間。

如果你現在有十分鐘、一小時，或者是半天的空閒時間，那麼就從自己的「收集箱」中看看，有哪些事情是在這麼長的一段時間裡可以完成的，或者是需要完成的。

比如我們午休有一個小時，吃飯用了半個小時，還有半個小時，我們可以做什麼？需要做什麼呢？為下午的工作做準備，處理上午未完成的工作，或者只是看看新聞……

◆第 2 個角度：依地點。

很多事情都需要在特定的地點進行，但趕著出門上班、下班回家休息的我們，往往沒有足夠的時間想去哪兒就去哪兒。因此，當我們到了某個地點之後，就檢視一下，是否有在那裡或附近可以處理的事務，從而進行集中處理。

比如我們要去超市購買生活用品，我們也可以去附近的銀行領取現金、到郵局寄包裹，或是在超市看看有沒有需要購買的書籍、教材……

◆第 3 個角度：依事項。

有時候，我們有些既重要、也緊迫的事情需要處理，也就是在 A 類事情出現的情況下，我們就要排除其他一切外界因素，無論怎樣都以此為主，以完成 A 類事情為先。

比如我們在下午的行銷會議上要進行產品介紹，那麼，就先去列印相關資料，再將其整理、裝訂成冊，然後送給老闆檢查，最後交給祕書，讓其準備下午發放。這時，所有的行動流程都需要以此為主！

另外，作為工作清單整理、分類的補充，我們同樣可以將之再分為等待處理清單、將來處理清單、下一步行動清單三類。

等待處理清單中記錄的是那些委派他人完成、自己只需要等待結果的事情；將來處理清單記錄的是某些延遲處理、還沒有確定完成日期的事情；下一步行動清單記錄的則是自己接下來就要做的事情，在這個清單裡，如果事情涉及多個步驟，還需要將之細化記錄下來。

在經過這一系列的資訊收集、整理、分類、統合之後，我們還需要對資訊進行回顧。每天或每週檢查一遍，把已完成的事情刪掉，把未完成的事情重排日程，將突發事情加入到「收集箱」中……從而確保自己的「收集箱」是適用的，資訊是「最新」的！

終於，我們到了執行的步驟。這時，我們就會驚喜的發現，一切事情都變得有序、快捷了，時間就這樣多出了不少。其實，人類的大腦雖然可以儲存大量的資訊，但其「提醒系統」卻是極為低效的。很多我們想要自己記住要做的事，就那樣不知不覺地忘記了，直到時間過去了、地點變化了，再想起來已經無濟於事了。

因此，在依靠筆記本等工具詳細地記錄下資訊之後，我們就要將之進行合理的整理和分類，將工作清單放在自己的手機裡或其他可以明顯看到的地方來提醒自己在什麼時間、什麼地點、需要做什麼事、可以做什麼事。

熟能生巧

將大量的時間用於某件事的不斷重複之中，通常被人們認為是對時間的浪費。比如高中做數學題，當某種題型頻繁出現時，有的人就懶得去做，認為自己會做就好；比如進入公司後有的人會積極尋求輪調的機會，他們希望會的更多，而不是停留在某個部門做千篇一律的事；有些人進入管理層之後就會不斷「挑戰自己、挑戰新事物」，而將「舊事物」留給下屬去做……而他們似乎都忘了熟能生巧的道理。

當有人用「熟能生巧」的理念來說明勤奮的重要性時，也有人會提出質疑，認為天賦更為重要。確實，在生活中，的確有太多人即使沒有重複「10,000 小時」，也能成為行業菁英。比如著名的跳高運動員 —— 唐納德．托馬斯（Donald Thomas），他只做了幾個月的基礎練習，其跳高水準就達到了世界水準；也有研究表示，只需要練習上三四百次，人們就能成為澳洲俯式冰橇冬季奧運代表隊的一員；有的人只需要經過一些指導，練上幾次，就能在飛鏢遊戲中做到十拿九穩……然而，我們不能忽視的是，他們確實沒有經過一萬小時的練習，但卻無一不是「站在巨人的肩膀上」，依靠著前人總結出的經驗，迅速實現高水準的成就的！而這，不正是我們所說的熟能生巧嗎？

在很多職員看來，輪調是讓自己快速熟悉公司情況並獲得晉升的「捷徑」，然而，「貪多嚼不爛」，一年的輪調下來，「這也做了、那也做了」，但結果卻是「這也不會、那也不會」，晉升也只能成為奢望。如果一個人不能真正的理解某個職位的職責、熟悉某個職位的工作流程，那他爭取輪調便實在是一個不智之舉。

在過去，權力被管理者牢牢地掌握在自己的手裡，總是要做到「事必躬親」；在如今，越來越多的管理者卻開始「授權」了，把繁瑣的事情扔給下屬去做，自己則去探索團隊的未來、挑戰自己的極限。到頭來，談論到團隊的事務，自己不如下屬懂；論到公司的未來似乎也沒什麼可說的！

心理學家約翰·海斯（John Hayes）在對 76 位著名古典樂作曲家進行研究之後發現：「幾乎所有人在寫出自己最優秀的作品之前，都花了至少 10 年的時間譜曲」；赫伯特·西蒙（Herbert Simon）和威廉·蔡斯（William Chase）對西洋棋大師進行研究後指出，「西洋棋是沒有速成專家的，也當然沒有速成的高手或者大師。目前所有大師級別的棋手都花了至少 10 年的時間在西洋棋上投入了大量精力，無一例外我們可以非常粗略地猜想，一個西洋棋大師可能花了 1 萬至 5 萬個小時盯著棋盤 ......」在對時間管理的研究中，研究者一次次地得出同一個結論，「要擅長複雜任務，需要大量的練習。」

無論是對哪位「天才」進行研究，人們都會發現，越是能夠成為行業菁英的人，天賦的作用都越為有限，後天的勤奮練習則顯得更為重要。有些人沒有付出什麼努力，卻因為其他的原因，取得了成就，但要更進一步，非熟能生巧不可！

抓大放小

如果我們能夠懂得放棄，適時地放棄某些東西，我們就能夠擠出更多的時間來做自己想做的事情。我們總是想做這個，又想要那個，可惜「魚與熊掌不可兼得」，不妨抓大放小，讓自己能夠得到最大的收益。

很多人工作很忙，每天還不得不加班，連好好吃頓晚飯的時間都沒有。這時候，難道我們要跑到辦公室去，衝著老闆一頓大罵嗎？有這個精力，不如想想怎麼提高自己的工作效率，讓自己能夠更快地完成自己的工作。

要知道，人們對於一個人成就的評價，從來不在於其過程有多久，而在於其結果如何。楊俊瀚如果不能跑到世大運冠軍的領獎臺，誰又會知道他之前為之練習了多少年呢？而職場更加如此，老闆只會看你的業績，而不是工作了多久、加了多少班。

在時間有限的情況下，懂得放棄，能夠放棄「小」的人，才能得到更多的東西，抓到「大」。吃不到魚，但能吃到熊掌不是更好嗎？

李開復最初考上的是哥倫比亞大學的法律系，這實在讓人們羨慕不已，畢竟，律師可是出了名的高薪職業。可是李開復的興趣卻不在法律上，每次上課的時候，他都沒什麼精神，上課睡覺對於他來說都是「家常便飯」了。

直到接觸到電腦知識，李開復就瘋狂地喜歡上了電腦，每天沉迷在各種程式設計書中無法自拔。對於這樣「不務正業」的學生，他的老師、同學自然感到驚訝，而更令他們驚訝的是，在大二開學時，李開復放棄了法律，轉投到了資訊系「門下」。

即使是在資訊系，李開復也不是什麼課程都參加。曾經有一位知名教授替他安排了一項關於電腦科學研究的活動，他卻直接拒絕了。因為那項研究需要耗費將近 20 個小時，而且都是十分繁雜的工作，但參加這項研究，卻不會讓他學到任何新的知識！雖然那項研究占了課堂成績的 10%，但因為過去的優秀表現，其結果只是讓其學業成績從 A 降為 A-。雖然教授明確指出這裡的差別，但李開復卻是坦然地說：「那是公平的，我接受這個結果。」教授沒有再說其他的。李開復學期成績也是 A-，但在他看來，他更妥善地利用了那將近 20 個小時，他給了自己 A+ ！

80/20 法則在我們的生活中越來越多地被提及，它也被稱為最省力的法則、不平衡法則，被廣泛應用於社會學、管理學、心理學等學科中。而在時間管理中，80/20 法則同樣適用，我們 80% 的成就、價值或快樂，其實都是源於 20% 的時間。

那麼，我們那 80% 的時間都去哪兒了？它們都被我們浪費掉了，或是浪費在「魚」上，或是浪費在「魚與熊掌」的選擇中。放棄一切浪費時間的事情吧！在遇到「魚與熊掌」時，我們何不果斷地放棄「魚」，將之扔到垃圾桶裡去呢？

每個人的一天都只有 24 個小時，我們不可能把所有的事情都做完。很多人希望自己可以做到面面俱到，然而付出了大量的時間與精力，結果卻是「面面俱不到」，一事無成，反而產生了極大的挫敗感，對自己的能力失去了信心，甚至對未來喪失了希望。

有這樣一個準則叫做「如果懷疑，不如放棄」。如果一本雜誌放了 2 個月了，你還沒有讀過，那麼，扔掉它，因為值得閱讀的雜誌，你不可能閒置兩個月，而一本「過期了」2 個月的雜誌，也不會給你帶來什麼新的資訊。在我們花時間去做什麼事情時，不如先花時間想想所要做的事情是否有價值？無論做什麼，我們都要付出時間，時間成本與機會成本從來不會消失，那麼，在註冊新的服務或閱讀某本雜誌，或者其他什麼事情之前，問問自己：「它值得我為它付出時間嗎？這些時間我可以用來做其他更有價值的事嗎？」

有時候，時間就是在「魚與熊掌」這樣的問題中，不知不覺地流失掉，再也回不來。那麼，吃一塹長一智，在事後，問問自己這樣一個問題：如果再給我一次機會的話，我還會做這件事嗎？如果答案是否定的話，那麼就趕緊遠離這類事情，將之拉入自己時間規劃的黑名單吧。

有些人在事情做到一半時，就會發現，這件事情並不值得他們浪費更多的時間，做完也不會讓自己活得更好。然而，他們卻有著這樣一個信條 —— 做事要有始有終。於是，他們決定「善始善終」，將時間浪費在了這樣的錯誤中。就好像有些人去爬一個梯子，爬到一半，當他們醒悟這個梯子搭錯了地方，到達不了他們想要的地方時，他們仍然會爬完，然後告訴自己：「我做完了一件事！雖然沒到我想到的地方，但我終歸看到了一些風景。」這是多麼愚蠢的想法！如果發現自己做錯了，就果斷放棄它吧！

或許，我們之前付出了極大的心力和勇氣，才做出了某個決定，然而，一旦我們發現這個決定不能再為我們的目標服務時，那麼大膽、無情、果斷地放棄它，去尋找更好的想法，做出新的決定吧！

無論做什麼事情，我們都要對時局做出審視，看到什麼才是真正有利於目標實現、真正重要的事情；無論是什麼時候，我們都要對自己的處境做出新的評估，為未來的道路規劃出新的方向。

隨時記錄

有些人辛辛苦苦地工作了一週之後，躺在床上無法安然入眠，回想起這 5 天的工作，只能感到一陣煩悶。倒不是因為 5 天的工作有多累，只是覺得自己似乎又浪費了 5 天的時間，本來想著能完成的工作，卻還是剩下了那麼多！

無論是在自己的生活，還是工作、學習之中，時間都是我們最珍貴的財富，每個人的人生，幾乎都是由其時間管理的方式來決定的。我們無法去掠奪別人的時間為自己所用，也無法購買到更多的時間。

隨身攜帶便條紙是提高時間管理效率的一個小手段，方法簡單卻能夠將時間管理的效率提高近 3 倍！便條紙可以是一疊便條紙，也可以是一本小筆記本，在科技如此發達的今天，智慧型手機、平板電腦都能夠成為便條紙的載體，攜帶便條紙，不會對我們造成更多的負擔，卻能讓我們的時間管理更為有序。

有的人腦海裡常常迸發出某個新點子、好創意，但因為手頭沒有記錄工具、忙著做別的事而沒有記錄下來，等到事情忙完了那些「靈機一動」就再也找不到了，而一個便條紙就可以方便地隨時隨地將這些想法記錄下來。如果利用那些智慧裝置，就不僅能記錄下文字，還能記錄下圖片、聲音、影片等資訊，從而在快速記錄中節約自己的時間。

一個簡單的便條紙節約下的這點時間，就能將時間管理的效率提升近 3 倍？當然不止如此，除了節省時間之外，便條紙還能夠作為時間管理中的自我監督工具使用，這也是便條紙的最大魅力所在。

小偉就將他的便條紙當作了「計時器」來使用，自從知道了便條紙的小技巧，小偉每天無論做什麼事，都會用便條紙記錄下來，包括做什麼事、什麼時候開始、什麼時候結束、用了多長時間等等，而且時間通常是精確到秒的。

這樣一天下來，小偉就能夠根據便條紙來統計自己當天在每件事上所花費的時間，例如收發電子郵件、閱讀新聞、打電話、就餐、洗澡等等。幾乎每從椅子上站以來一次，小偉就會在自己的便條紙上記錄一筆。經過一段時間的堅持，小偉發現，自己每天記錄下來的便條紙累計大概有 50 ～ 100 張，而在工作的 8 小時中，小偉實際用於工作活動的時間甚至不足三分之一。他每天實質性工作時間平均只有 1.5 小時，其他時間要麼在社交，要麼在休息，或者只是做些與工作無關的交流、無意義的把檔案移來移去之類的事情。雖然每天 8 點開始上班，但真正開始工作的時間，卻一般都在 11 點左右，折騰了三四十分鐘，眼看差不多要午休了，就又停止了；下午的工作到下午 3 點左右也就開始懈怠了，和這個同事聊聊天、到那個網站看看新聞，就這樣度過當天最後兩個小時的工作時間。

第一次使用便條紙的那個星期下來，小偉驚訝地發現，雖然自己一週在辦公室度過了將近 60 個小時，而真正用於工作的時間只有 15 個小時！這讓小偉感到懊惱不已，他將便條紙翻了又翻，想要找到自己失去的那 45 個小時，想要知道自己將工作時間的四分之三到底用到了什麼好去處。可惜的是一張張白紙黑字清晰地顯示，那些時間幾乎都是在一種無意識的狀態中流失掉的，比如過度頻繁地檢查郵件、在沒必要的事情上吹毛求疵、瀏覽過多的新聞等。

小偉又為自己引入了一個「效率比」的概念。當他發現自己在辦公室度過的 60 個小時裡，只有 15 個小時用於完成工作時就想到，其實自己的物質收入和成就感都是來自這 15 個小時，而不是自己一直以為的那 60 個小時。也就是說，他的工作時間中只有 25%（實質性工作時間 / 總工作時間）是有效的。這就是自我時間管理中「效率比」的含義所在。

在效率比只有區區的 25% 的情況下，想要增加物質收入或成就感，那就不能單純地去延長自己的「總工作時間」，那樣做是極為愚蠢的，是對自身時間的進一步浪費。小偉經過一個晚上的考慮得出的結果就是，要提高自己的時間管理效率，要增加自己的物質收入或成就感，就必須提高自己的「效率比」！

小偉開始的做法是，在自我約束和督促中讓自己更加努力地去工作，增加自己的實際工作時間。但一週下來的結果卻令人失望，其「效率比」不僅沒有提高，反而降低了。小偉在自我反省後認為，這樣的結果其實是因為自己並不是真的想工作，當缺乏真正的動力時，強制性的自我約束和督促反而使自己的動力更為不足，各種不重要的事情成為自己不投入到工作中去的理由。

既然「分子變大」的策略失敗了，小偉就決定反其道而行，如果分子是固定的，分母減小，比值同樣會變大。小偉的新策略正是如此，在第三個星期一時，小偉只允許自己在辦公室待 5 個小時，另外 3 個小時隨便自己做什麼，但就是不准去工作。看起來是一種浪費工作時間的做法，可是結果卻相當不錯 —— 在那 5 個小時的時間裡，小偉完成了 5 個多小時的工作，「效率比」超過了 80% ！

小偉認為，這是因為自己的大腦將工作時間當做了「稀少資源」，所以更為珍惜。而在接下來的實驗裡，這樣奇怪的原理卻在繼續發揮效用。那個星期，小偉只在辦公室裡度過了 25 個小時，卻完成了 20 個小時的工作，也就是說，在便條紙策略到第 3 週時，其「效率比」就從 25% 增加到了 80%，在每週「總工作時間」減少了 15 個小時的同時，其實質性工作時間卻增加了 5 個小時！

在接下來的幾週裡，小偉開始有意識地保持自己 80% 的「效率比」，並在不斷提高工作效率的同時，逐漸增加自己的「總工作時間」。一年下來，小偉每週在辦公室只待上 45 個小時，卻能夠完成 40 個小時左右的工作，「效率比」達到了將近 90% ！這樣的結果讓小偉十分滿意。他知道，如果增加自己的「總工作時間」，反而會因為疲累而降低自己的工作效率，無法完成那麼多的工作 —— 這是一個月實驗的結果；而「40/45」的工作方法，卻讓他在保證最多實質性工作時間的同時，多出了 15 個小時去做其他的事情。

一張簡單的便條紙卻讓小偉在一個月的時間裡，找到了最適合自己的時間管理方法；在一年的時間裡，實質性工作時間提升了 200%，工作效率也提高了 260%！這樣的結果實在讓人驚奇，分明沒有付出多大的勞動，其回報卻著實驚人！

其實，便條紙並不會直接提高我們的時間管理效率，而是在不斷的記錄和分析中認識自己，找出自己的時間去哪兒了。僅僅一天的時間，我們就能夠意識到自己浪費了多少的時間，而將很多浪費時間的「小節」從一種無意識的狀態提升到意識層面，這樣我們有機會洞察並改變它們。

在養成新的習慣之後，便條紙也就變得可有可無，因為高效率的時間管理已經融入到了我們生活之中。但每過一個季度或半年，還是需要再用一次便條紙來檢測自己，以防過去那些無意識的浪費時間的習慣又回來。

立即執行

富蘭克林說：「千萬不要把今天能做的事留到明天。」但人們總是習慣於將事情推遲一步再做，好享受短時間的安逸。有時候，很多人會不想出去跑步、不想做財政預算、不想完成工作清單上的下一步，確實，他們很累了，那些事或許很難、或許很漫長，但不要想太多了，立即去做吧！一旦執行下去，那些想像中的苦難、煩悶，就那樣消散而去……

威廉·克萊蒙特·史東（William Clement Stone）建立的保險帝國價值數億元，而他對所有員工都有這樣一個要求，那就是在每天開始工作之前不斷默唸「立即執行」。一旦覺得自己懶散了，或者想起什麼必須要做的事情，就大聲地對自己說「立即執行」。

拖拖拉拉的代價是巨大的，每次離開現有的工作狀態再重新回來，都會造成大量時間的浪費。對於時間管理來說，思考和計畫確實很重要，但執行卻更為重要，畢竟思考和計劃不會帶來任何的成果，只有執行下去才能有所收穫。

有位企業家分享自己制定的一個原則是「60 秒原則」，也就是無論是什麼事，只要準備足夠了，他就只給自己 60 秒的時間去做決定。實在無法抉擇的事情，他甚至會選擇拋硬幣，來迅速得到結果。

人們經常會在做決定之前遲疑、猶豫，然而，這樣的拖延對於事情的發展而言，沒有任何好處。通常來看，推遲決定、延時執行只會導致消極的結果。如果你處於猶豫不決的狀態，那麼，咬咬牙隨便找條路走下去吧！如果是錯的，很快你就會發現；如果是對的，自然皆大歡喜。

很多人總是會猶豫午飯吃什麼、晚飯吃什麼，花上幾分鐘甚至十幾分鐘的時間徘徊不定。那麼，抓起一個蘋果或一把香蕉，慢慢吃、慢慢考慮吧，也許等你考慮好了，就已經吃飽了。

在這個世界上，無論是哪個行業的菁英，都不會讓猶豫不決消耗自己的時間，無論是面對怎樣的狀況，他們都會大膽決斷、立即執行。在這個瞬息萬變的社會裡，稍有猶豫，機遇就會流失，當萬事俱備的時候，也許東風已經不會再來了。當你陷入進退維谷的境地，那麼，就靠著自己的經驗或是直覺，迅速決定、付諸實踐吧！

對於人生最為有限而珍貴的資源——時間而言，更多應該用於行動而非做決定、做計畫上。優柔寡斷只會造成時間的浪費，在60秒內做好決定，將猶疑變為堅定，將決定變為行動。錯誤的決定會成為你下一次成功的基石，徘徊的決定卻只會浪費你的時間。

立即執行，這樣一個理念其實很簡單，很多人都知道，但很多人卻正是被這一點所打敗。只有行動才會讓決定得到結果，立即執行就是立即將思想付諸行動、將決定付諸實踐，讓花費的時間形成效益。

有些人總是希望等到條件完美了才開始行動，而這樣的人可能永遠都不會開始自己的行動。這個世界上，從來不會出現完美的條件，總會有各種的瑕疵，比如行情不好、資金不足，或心情不好、鬥志不強。完美條件從來都只存在於設想當中，一旦問題出現、決定做好，就立即執行，處理好一切。執行的最佳時機不在於過去，也不在於未來，而正是在於眼下。

如果一味地陷於空想之中，任何好的想法都只會停留在腦海裡而變得越來越弱，直到消失不見。在工作中、生活中、學習中，我們總會迸發出各式各樣的創意，我們想得很美好、想得很詳細，可是有些人卻從來不去做，睡了一覺、過了幾週，那些細節就都忘光了，創意也沒有了。要想在人生道路上實現自己的目標，就要讓自己成為一個行動派，只有在行動中想法才會落地，新的想法也會不斷迸發而出。

對於時間管理而言，想法是很重要的，一個好的想法，往往會讓我們走得更快、更好、更遠，但如果我們不去走，想法就只是想法，只有在執行之後，想法才真正的具有價值。相比於那些「明天再說」的好想法，一個立即執行的普通想法往往更具價值。如果不付諸實踐，想像中的美好結局就永遠不會出現！

很多人不是不想執行而是害怕執行，擔心執行的結果與預期出現偏差。確實，在行動之前，每個人都會擔心自己的付出沒有回報，這樣的恐懼和焦慮讓執行變得困難無比。如果你曾經做過演講或是表演，你就會發現，最困難的部分其實就在等待上場之前，而一旦開始演講或表演，所有的焦慮、恐懼、擔心都會消失不見。萬事開頭難，只要我們狠下心立即執行，事情也就會變得簡單。

在創造性的工作中，很多人認為需要等到「靈感來了」才能開始工作。然而，眾所周知靈感不是那麼容易獲得的，工作也會因此被限制、擱置下來。與其去等待靈感，不如給自己的創造力裝上「馬達」。如果你要寫作，那麼坐下來拿起筆，隨便寫寫畫畫，靈感就這樣產生了。很多時候，創造性的靈感都源於枯燥的行動之中！

注意力要一直放在當下或下一步就要做的事情上。每週，我們都要回顧一下這個星期做了什麼，計劃下個星期需要做什麼。這樣的程序是必需的也是有效的，但如果一直沉浸於此，煩惱這個星期有什麼該做的沒做，煩惱下個星期要做的多難，你的時間就沒有了現在，只有「過去和將來」。過多的思慮只會讓自己一事無成，沒有立即執行，那些 10 分鐘之後、一天之後的事，就永遠也不會發生。

回顧遺落

很多人手上累積做不完的工作清單，每天依然過著忙碌的生活，一刻不得閒。這時候，將自己從工作或家庭的各種任務中抽身出來，給自己 1 個小時，好好地思考一下，回顧一下，自己是否有什麼遺落？

GTD 時間管理方法創始人大衛．艾倫曾經說過：「如果你不做週回顧，那你就沒有在真正地執行 GTD 時間管理。」當然，時間管理方式因人而異，GTD 並不一定適合每個人的時間管理，但回顧遺落無疑是掌控時間的一個有效手段。

每當投入到新的工作或學習週期之前，靜下心來做一次回顧，問自己一些問題，看看自己在生活、健康、情感、心智、自我、理財、家庭、工作、休閒等各個方面，是否有什麼遺落，往往比直接投入到下一階段的工作中更為有效。

一位時間管理大師給回顧遺落設定了這樣一份小問答：

回顧過去的一週，請用幾個詞句總結過去的一週：

過去一週，你完成了哪些任務、專案和目標？

過去一週，你取得的最大成果是什麼？

過去一週，你最明智的決定是什麼？

過去一週，你學會或收獲的最重要的是什麼？

過去一週，你為家庭、周圍的人或朋友做過的最大貢獻是什麼？

過去一週，你最想實現卻沒有完成的是什麼？

過去一週，你做得最自豪的事情是什麼？

過去一週，對你影響最深的 3 個人是誰？

過去一週，你做過的最有挑戰的事是什麼？

過去一週，你覺得最驚喜的是什麼？

過去一週，在情感關係、人際關係上取得的最大進步是什麼？

過去一週，你覺得最應該得到的表揚是什麼？

過去一週，你覺得最應該給予的表揚是什麼？

過去一週，你覺得遺憾的、需要改進的是什麼？

在這樣的一份問答中，看到自己過去一週有做得好的地方，給自己表揚、給自己激勵；找出自己遺落的地方，仔細分析，做出改進。這樣一來，跨過上一週的喜與悲、得或失，讓自己百分百地投入到下一週的工作中去，讓自己的工作清單變得更加清晰，在掌控當下的同時獲得創造力！

在整理自己的工作清單時，不妨先清理下自己的工作場所，清空自己的信箱。然後回顧一下工作清單上的每一項任務，看看哪項任務是最重要的，哪些任務是下週將要到期的。按照重要性和緊迫性對每一項任務進行重新排列，才不會讓「過期的」工作清單成為自己下一週工作的阻礙。

仔細地看看自己下一週的日程表，有時候會有一些「驚喜」的發現。也許下週，你和老闆要去參加一個重要的產品發布會議，但你卻忘記了打電話給企劃部了解詳細的資訊。那麼，趕快將這通電話新增到下週的日程表中，還要留出一定的時間來研究企劃部提供的資訊。人們往往無法在一次的工作中就做到十全十美，往往會有所遺落。這時，一次回顧可以讓計畫變得更完善。

回顧遺落並不只是回顧所有資訊、回顧工作清單，也是回顧自己的目標。便如某程式設計師想要開發一個新的系統，他應先將這個目標分解開來，找出當下可以解決的部分將之放到自己的工作清單中，一點一點地解決、一步一步地接近目標。

週回顧其實是相當輕鬆的一項工作，每週工作結束或將要結束時，放鬆一下心情，培養一下情緒，站起來在家裡或辦公室裡走上一圈，泡上一杯咖啡或是一杯綠茶，想像一下你一週的工作就要完成了，這該是多麼開心的時候！然後，關上房門，回到辦公桌前，放一首輕音樂，開始回顧！

週回顧通常需要個 1 小時左右的時間。

在第 0 ～ 15 分鐘，清空自己的郵件和便條紙，將一週獲得的資訊進行歸檔。如果有資訊可以在兩分鐘之內回覆或處理掉，那就立即將其解決掉，先不要思考其他任何事情。

在第 15 ～ 45 分鐘，回顧一下自己的想法、任務、工作清單，這個步驟通常需要耗費比較多的時間。先回顧一下自己的想法，將新的、有意義的想法記錄下來，把陳舊的、沒用的想法刪掉；再回顧一下自己的任務，把新的任務新增到工作清單中，將沒有必要繼續完成或已經完成的任務刪除；最後，根據日曆以及既有的工作清單，整理下一週的工作清單。

在第 45 ～ 60 分鐘，進行一次腦力激盪。沉浸在自己的腦海裡，設定好腦力激盪的主題，然後，開始「胡思亂想」吧！無論是準備進行的寫作，還是需要深入學習的知識，或是看到的某個有價值的新聞，只要你覺得它值得注意，就仔細地剖析一下其中的價值所在。

然而，很多人在回顧遺落時卻會掉入一個陷阱：他們其實是在花費時間處理任務，而不是回顧任務。如果你的週回顧只局限於幾個任務，或者要花費幾個小時的時間，那麼，快想想自己是不是哪裡做錯了！

有的人在週回顧時，發現自己忘記打電話給企劃部了，就直接拿起電話撥通、交流、記錄，然後就進入了工作狀態。有些事確實是可以立即解決掉的，但必須要憑藉自己的經驗進行一次「一秒鐘」的判斷，看看那些任務是不是可以在兩分鐘之內解決，否則就果斷地把它安排到自己的工作清單中，而不是讓它耗費自己的回顧時間。

回顧遺落必須從眼下的工作或生活中跳出來，從旁觀者的角度來考慮問題，「當局者迷、旁觀者清」。總是處於繁忙的工作或生活中，我們的眼睛也會被工作和生活的瑣事所矇蔽，跳出來才能看清楚！

彈性管理

很多時候，有些人明明有著非常棒的計畫、最良好的意願，但就是一個電話、一封郵件、一聲敲門聲，讓自己的計畫、意願成為泡沫，手上的事處理不完，反而不斷堆積。處理那些重要的事情時，卻有太多緊迫的事情成為干擾，為時間管理做出的計畫都成為過去。

在生活中，有的人會因為千篇一律的行程感受枯燥，有的人卻為層出不窮的突發事件暴躁不已。生活有時候就是這麼矛盾，明明每天幾乎都是一樣的行程，卻有太多的「小插曲」在發生，對於很多人的時間管理而言這些「小插曲」幾乎是「致命」的，一旦出現，時間管理的節奏就完全消失不見！

然而，這些「小插曲」是不可能離開我們的生活的，如果不能反抗的話，那麼接受、掌控、順應它們吧！對自己的時間進行彈性管理，這些「小插曲」也會成為生活、工作的一種調味料。

「員工上下班時間、病假、事假、特休不作特別規定，員工可自行安排自己的工作時間。」這對於很多員工而言，似乎是「天方夜譚」，但卻是時下十分流行的工作制度 —— 彈性工作制度，很多公司、尤其是科技公司都已經開始實行這種工作制度。

在彈性工作制度下，員工可以自行決定自己的工作時間，如果員工認為自己晚上 8 點到凌晨 4 點的工作效率最高，甚至可以選擇在這段時間到公司上班；如果員工某天家裡有事、身體不舒服，甚至只是心情不好，都可以選擇不去公司，下次再補回來……

彈性工作制度有很多種形式。美國某媒體公司實行的是成果中心制，也就是透過對員工的勞動成果進行考核，只要員工在規定期限內完成工作，就能夠得到報酬，而對於具體的工作時間，則沒有規定；微軟公司實行的是緊縮工作時間制，如果員工能夠在 3 天內完成一週的工作，那麼就可以在剩下的幾天盡情休息；大多數公司則傾向於核心時間與彈性時間結合制。例如，某科技公司規定，「每天工時為 8 小時，工作時間為上午 9 點到下午 3 點，辦公室開放時間為上午 6 點到下午 6 點」，也就是說，在上午 9 點到下午 3 點，除了中午 1 個小時的午休時間，員工必須在這 5 個小時裡就定位，而剩餘的 3 個小時工時，則可以在工作時間之外的辦公室開放時間裡任意進行。

彈性工作制度越來越得到企業管理者的偏愛，這是因為它具有明顯的優勢。有一項研究顯示，「在所調查的公司中，彈性工作制使企業拖拖拉拉現象減少了 42%，生產率增加了 33%。」而在美國某媒體公司實行彈性工作制的 4 年間，其業績在網路熱潮退散後，不僅沒有降低，反而成長了 30%，達到了 3,500 萬美元！某網路公司因為引入彈性工作制，其加班費支出也減少了 50%。

對於這樣顯著的成果，研究者認為：由於在彈性工作制下員工能夠根據個人需要來安排自己的時間，從而對於工作安排有了一定的自主權。因此，員工可以選擇自己工作效率最高的時間裡來完成自己的工作，其工作內外的時間也能夠得到協調。

彈性管理不僅適用於企業管理，對於我們每個人的時間管理而言，都是一個有效的技巧。對於很多人來說，時間管理就是控制時間，實際上，除了那些重要的事情，需要安排固定的時間去進行之外，其他時間的管理則可以有些彈性，不必加上太多的「框框」。

計畫趕不上變化。我們對於時間管理作出的詳細計畫常常因為某些「小插曲」而被中止，甚至終止。那麼，我們不妨將自己的時間管理計畫制定得更具彈性一些，在 1 天之內，我們需要完成某些起碼的要求，其他時間則可以自由支配。但在這樣「自由、隨意」的時間管理方式下，很多人反而會忘記時間管理的初衷，淪陷在那些不重要也不緊迫的 D 類事情中。

因此，在對時間進行彈性管理時，我們也可以參考那些公司的彈性工作制度來對自己的時間管理進行自我監督。雖然是彈性管理，但有些基本工作是必須要達成的。在對這些基本工作進行檢核時，我們可以從事情的功能性上進行。比如必須確保優先事項的時間；打電話、處理文件、維護已完成的工作、用於非優先事項的兩個小時等；而從事情的內容來看，則包括維護老客戶、開發新客戶、文件處理、制定計畫等。有時候，我們也可以根據事情的功能和內容，對事情進行整理考量來安排每天「必須做到」的事情。

在時間的彈性管理中，那些對於目標實現極為重要的事情都應該被納入「必須做到」的事情中，而不能被遺忘在彈性時間之外。彈性管理並不是去掉了所有的「框框」，只是不再將時間安排得過於緊密，該完成的工作同樣需要一絲不苟地完成。任何有益於目標實現的事情都可以納入其中，但也不要讓自己的負擔太重。很多人因為時間管理計畫而 24 小時不停歇，沒有多少休息的時間，有時候由於發生突發狀況，計劃要完成的工作卻沒有足夠的時間。半個小時的工作完全可以安排 1 個小時的時間，給自己留有餘地。

其實，我們完全不必將自己的時間塞得滿滿的，在每天或每週的計畫中，給自己安排一些空餘的彈性時間用來完成那些未完成的工作，或處理那些預期之外的事情，這樣我們才不會陷入被動。

學會說「No」

在時間管理中，很多時候真正影響自己時間管理效率的往往不是自己而是別人。各式各樣的外界因素，讓自己的時間管理變得效率低，老闆、同事、朋友、親戚……似乎都在打擊自己的時間管理計畫，似乎又都不能不理睬。在這種時候，我們就要學會說 No ！

國際管理顧問公司 Bregman Partners 的總裁布雷格曼（Peter Bregman）曾經在《哈佛商業評論》上，發布了一篇文章〈你每天早上不能不看的兩個清單〉。在這篇文章中，布雷格曼提到，「我們大多數人會盡力加快工作速度來跟上節奏，這其實是不對的。關鍵是要了解什麼是重要的，除此之外都是應該拒絕的。」

很多人要保持高效率的工作狀態，就需要一段不間斷的時間來專注其中。事實上，如果在能夠確保自己不受打擾的狀態下，人們的工作效率通常都有極大的提高。然而，在時間愈趨碎片化的今天，想要有一段不間斷的時間顯得越來越困難。如果真的有這麼一段時間，那就全身心地投入其中，拒絕任何其他事情的干擾吧！

小剛透過對自己工作效率的長期檢查發現，在一段不少於 90 分鐘的時間中，他的工作效率能夠提升到最高，工作結果也十分理想。然而，由於他是與幾個朋友合住，「無處不在」的朋友就成了維持 90 分鐘工作時間最大的干擾。

為了能夠確保有一段不被干擾的時間，他就與合租的朋友以及平時往來比較密切的朋友商量了一番，告訴他們哪個時段自己是不希望被打擾的，如果自己的房門鎖上了就意味著「請勿打擾」。為了確保這個約定的執行，小剛甚至採取過「武力威脅」的手段，當然，這只是個玩笑。

當工作忙完的時候小剛會打開門，和朋友們一起聊聊天、玩遊戲，但在工作時間一切打擾都是被拒絕的！無論是什麼事情！小剛每次給自己安排的工作時間，都只有一個開始時間，至於過多久必須完成或休息則沒有詳細的設定。他知道，自己最佳的工作時間就是一段盡可能長、不被打擾的時間，而且結束時間不定。

有時候他甚至會一直工作，直到餓得不行或者有其他身體上的需求時才會休息一下。雖然很多人勸他要學會休息，告訴他「經常休息有助於提高效率」，但在小剛看來，這樣的理論只是那些不主動工作的人的自我安慰。如果是主動性強、目標明確又富有創造性的人，完全不需要將自己的工作時間細分、切割開來，頻繁地休息只會造成工作上的分心。

每次小剛投入到專注的工作中時都需要 15 分鐘左右的時間來進入狀態，一旦出現干擾，重新進入狀態又需要花費 15 分鐘。所以，小願意付出幾乎一切代價來確保自己工作狀態的持續性，不去想過去與將來的事情，也不去想周圍人的事情，只想著現在與手頭的工作。

在一開始嘗試這種時間管理策略的時候，小剛也會被很多其他事情所干擾。有時候，他會不自覺地去檢查信箱、私訊，或者只是在網路上隨便瀏覽一下；有時候因為好朋友或親人的一個電話，他就會停下手頭的工作，與他們暢聊一番；有時候肚子餓了需要去進食，水喝多了需要去趟廁所 ...... 過了幾天，他就對自己的工作時間做了改善：工作前吃一塊麵包、去一趟廁所；工作時斷開網路、關掉手機；進入工作狀態就不再離開椅子，也不和任何人說話！

如果需要休息的話，小剛就會讓自己徹底地進入休息狀態，而不是邊工作邊休息。在他看來，滑手機、上網閒逛都不是休息，他的休息就是閉著眼睛、做幾次深呼吸，或者聽一會輕音樂，或是出去走走、吃點水果，要麼就直接小睡個半個小時。就這樣一直休息到夠了，覺得又可以進入那樣的工作狀態時再回到工作中去。

有太多的人、太多的事情會給我們的時間管理造成干擾，很多時候，我們的時間也就在這樣的干擾中悄然流逝。很多人在回顧自己一週的生活時會懊惱、會沮喪，那些不良的習慣、別人的壓力、不重要的事情耗費了自己太多的時間，很多該拒絕的事情卻沒有拒絕。

這裡，我們可以看看時間管理大師整理的一張「拒絕清單」：

- 拒絕因為負疚感而答應的事情；
- 拒絕每 10 分鐘檢視社群軟體或手機的衝動；
- 拒絕總是找你尋求幫助而在你需要幫助時卻又沒空的人；
- 拒絕購買不真正需要的或負擔不起的東西；
- 拒絕吸收既不能豐富你的生活，又不能成為你目標實現的助力的資訊來源；
- 拒絕接受不重要的工作，留出足夠的空間和時間，集中精力在你真正渴望的目標上；

- 拒絕影響你和家人感情的事情；
- 拒絕接受與你自身目標相背離的任務；
- 拒絕在看電視或上網等無意義的事情上耗費太長時間；
- 拒絕讓別人為自己做決定，自己的時間怎麼過，應該由自己做主；
- 拒絕給自己安排太多的事情，以免自己在過大的壓力中陷入疲憊或失去控制；
- 拒絕他人造成的壓力，避免因此做違背意願的事情。

每個人在時間管理中，都應該給自己設定這樣一張「拒絕清單」。

在時間管理中，我們必須要學會說 No！有時候你可能在計畫和執行上都做得很好，但太多的不良習慣、外界因素，卻成了自己時間管理的「不可抗力」。那些不良習慣只會持續打斷你的工作狀態，而一直受外界所干擾也會讓你一事無成。

碎片時間

時間往往不是 1 個小時 1 個小時地度過的，而是 1 分鐘 1 分鐘地度過的。很多時候那些 1 分鐘被人們認為是無用的，做什麼都做不了，可正是在這樣的 1 分鐘，人們已經浪費了不知道多少個小時。每個人的一天只有 24 個小時，那麼，如何去「拉長」自己的時間呢？管理好自己的碎片時間吧！

雷巴柯夫（Boris Rybakov）曾說：「用分鐘來計算時間的人，

比用小時計算時間的人，時間多 59 倍。」所謂集腋成裘，10 分鐘或許不足以讓我們生產一輛汽車，但總是足夠讓我們去看看生產說明書的；1 分鐘或許無法完成一份文案，但卻足以讓我們思考一下接下來要做什麼了。

走向職場之後，工作與生活相交織，我們的時間似乎變得越來越零碎，1 個小時後要做這個，半個小時後要做那個，10 分鐘後就要出門了……我們似乎很難抽出一段完整的時間來做我們需要做的事情。但 FB、IG 這樣的社群平臺卻變得熱門，它們為什麼能有這麼大的市場？正是因為我們有著太多的碎片化時間了！

很多人已經開始抱怨 FB、IG 這些社交工具了，「當初之所以用它、喜歡它，就是想打發一下那些沒事做的幾分鐘。可是現在卻慢慢上癮了，總是忍不住滑幾下，看看有什麼新內容，卻沒辦法靜下心來做事了。本來用來打發碎片時間的工具，卻正在切割我的時間，把我的完整時間變得碎片化！

FB、IG 這樣的新媒介工具，對於我們的工作、生活意義何在呢？除了那些利用 FB、IG 進行行銷的人之外，大多數的人都只是想從中尋找一些樂趣，放鬆自己。也就是說，我們的時間正大把大把地用於休閒當中！

在傑克 14 歲的時候，他為了練習鋼琴而接受了卡爾的指導，卡爾教給他的除了鋼琴技藝之外，還有受用一生的時間道理。

有一天，卡爾在為傑克上課時，突然問他：「你每天用多少時間練琴呢？」「3 個小時吧。」「那你每次練習的時間都很長嗎？」「我覺得這樣的練習會比較好。」

回答完之後，傑克卻沒有等來期望中的讚賞。「不，不要這樣。」卡爾說道：「你的課業壓力會越來越大，工作之後更是如此，你不會每天都有那麼長的練琴時間。你要養成這樣的習慣，只要有了空閒，無論是 1 小時還是幾分鐘都要去練習。你去上學之前，吃午飯之後，或者是其他休息的時間就去練習。5 分鐘、10 分鐘的練習，將三四個小時分散在你的一天裡，這樣，你的練習才不會中斷，你的琴藝也不會荒廢。」

在後來很長的一段時間裡，傑克都沒有重視卡爾說的這段話，甚至已經忘了這件事。雖然一開始還聽從老師的教育嘗試了幾天，但隨著鋼琴學習的停止，還沒養成的習慣也就這樣消失了。直到他到哥倫比亞大學擔任教授時，他想要兼職做一些創作工作，但每天上課、開會、與學生交流之類的事情占用了太多的時間，每天都忙得不行。在那幾年裡，雖然一直有著創作的想法，但他卻一個字都沒有寫出來。有一次，當他再度抱怨自己的生活沒了空閒時間時，他才突然想起卡爾當初所說的話。

第二天開始，傑克終於有了時間，他的時間莫名的多了起來。只要有 5 分鐘的空閒時間，傑克都會坐下來寫點什麼，有時候只是幾行字，有時候能有 100 字，有時候寫寫畫畫的什麼都沒有。但一個星期下來，傑克驚奇地發現，自己竟然已經有了 10,000 字的草稿！

就在這樣的日積月累下，雖然教授工作還是十分繁雜，他的時間卻越來越多，他不僅完成了自己的長篇小說，還拾起了荒廢了的鋼琴！

在上學的時候，我們或許還能找到一段完整的時間來做自己需要做的事情。但進入職場、擁有自己的家庭之後，我們就很難奢望還能有那樣完整的時間。在現代社會，我們的時間越來越呈現出碎片化的趨勢，無論是工作還是生活都是如此！即使社群軟體還沒有出來，我們的時間也被電話、郵件、會議等事情狠狠地切割著，到了如今這一趨勢更是急速加劇著！

時間碎片化的趨勢，雖然讓我們的時間管理計畫在執行時遇到了更大的難度，但從另一個角度來看，它卻讓時間「拉長」成為了可能！而其中的關鍵就在於，我們是否能夠利用這些碎片化的時間去完成系統的工作；是否能夠在間斷性的工作中保持連貫、整體的思維，以及對於其他事情的快速反應能力。

很多人認為，越是重要的工作，就越需要一段完整的時間去完成。比如做一份文案，很多人希望能夠有一個半天的時間沉浸其中，不受打擾。但如果他們仔細回憶一下自己的文案工作，就會發現，其實其中是存在著兩種情況的：拿起筆就文思泉湧，在一段安靜的時間裡，能夠一蹴而就；拿起筆卻什麼都想不起來，開了個頭就寫不下去，只好停筆等下次再寫。

為什麼會出現這兩種情況呢？有的人說是因為沒有靈感。其實，只是因為他們的累積還不夠，如果對所要寫的問題有足夠的知識儲備，那麼只要有段安靜的時間，他們就能下筆如有神。但如果累積不夠，「肚子裡沒有墨水」，有再多的安靜時間，都「倒不出來幾個字」。

如果能夠明白這一點，我們就應該意識到，有的工作確實需要一段完整的時間來完成，但如果沒有足夠的累積和鋪墊，即使有這樣的時間，工作也不會完成。

在這種情況下，我們就能夠直接將自己的時間管理計畫進行分割，我們不需要計劃出 1 個小時、2 個小時的時間去做某件事，而是以分鐘為單位。同樣是文案工作，有的人的計畫是「半小時做構思；1 小時做提綱；3 個小時收集素材；2 個小時寫作；1 個小時修改」，可如果將計畫改為「6 個 5 分鐘的構思；12 個 5 分鐘的提綱；36 個 5 分鐘的素材收集；24 個 5 分鐘的寫作；12 個 5 分鐘的修改」，當我們的計畫以分鐘為單位時，我們就會驚奇地發現，我們的生活中，有那麼多的時間可以投入到計畫中去！

當然，碎片化時間管理不僅適用於文案工作，對於每個擁有碎片時間的人而言，碎片化時間管理都是「拉長」時間的有效手段。面對別人的讚揚，魯迅曾經說過：「哪有什麼天才，我只是把別人喝咖啡的時間用在工作上。」

電子書購買

爽讀 APP

國家圖書館出版品預行編目資料

六維時間管理模型，事情原來可以雙向並行！工作堆積如山、付出與回報不成正比……學會分清「輕重緩急」，諸事一下就能搞定！ / 房勇 著 . -- 第一版 . -- 臺北市：崧燁文化事業有限公司，2024.01
面； 公分
POD 版
ISBN 978-626-357-910-1(平裝)
1.CST: 時間管理 2.CST: 職場成功法
494.01 112021770

六維時間管理模型，事情原來可以雙向並行！工作堆積如山、付出與回報不成正比……學會分清「輕重緩急」，諸事一下就能搞定！

臉書

作　　者：房勇
發 行 人：黃振庭
出 版 者：崧燁文化事業有限公司
發 行 者：崧燁文化事業有限公司

E-mail：sonbookservice@gmail.com
粉 絲 頁：https://www.facebook.com/sonbookss/
網　　址：https://sonbook.net/
地　　址：台北市中正區重慶南路一段六十一號八樓 815 室
Rm. 815, 8F., No.61, Sec. 1, Chongqing S. Rd., Zhongzheng Dist., Taipei City 100, Taiwan
電　　話：(02) 2370-3310　　傳　　真：(02) 2388-1990

印　　刷：京峯數位服務有限公司
律師顧問：廣華律師事務所 張珮琦律師

定　　價：299 元
發行日期：2024 年 01 月第一版
◎本書以 POD 印製